블랑제 강민호가 제안하는

천연발효빵 실전 레시피

대한민국 산업현장교수 · 우수숙련기술자 · 제과기능장

강민호

씨마스

천연발효빵은 천천히 익어가는
'슬로푸드'이자 '발효식품'

유럽과 미국에서는 현대과학으로 더 이상 병원성 균을 이길 수 없다고 생각하여 대체의학이 각광을 받고 있습니다. 대체의학에서 병을 치료할 때 사용하는 물질은 발효 미생물을 활용하여 만든 대사산물과 생리활성 성분입니다. 이러한 대사산물과 생리활성 성분이 많이 함유되어 있는 대표적인 것이 발효식품입니다.

발효식품은 과학적으로 그 효능이 입증되었고 부작용이 없습니다. 각종 암이나 아토피와 같은 면역질환을 치료하는 데 효과가 있으며, 혈관 내에 쌓인 콜레스테롤을 제거하여 협심증, 심근경색, 뇌졸중(뇌경색), 혈관성 치매 등 심혈관 질환을 예방하거나 치료한 사례도 많습니다.

발효식품 속에는 장을 건강하게 하는 발효 미생물의 효소와 대사산물, 면역력을 증진시키는 균들이 많이 들어 있기 때문입니다. 발효가 사람을 살리는 것입니다.

우리가 만들고자 하는 천연발효빵도 슬로푸드이자 발효식품입니다.

먼저, 식품 내에 고분자 유기화합물의 형태로 존재하는 다양한 영양소가 어떻게 소화·흡수되는지 알아보고, 천연발효빵은 소화 방식에 따라 어떻게 작용하여 몸을 이롭게 하는지 알아보겠습니다.

첫 번째는 기계적 소화입니다. 우리는 음식물을 이로 씹어 부수고 위와 소장이 연동 작용하여 소화를 합니다. 천연발효빵은 질감이 쫀득하여 기계적 소화 작용을 할 때 씹는 즐거움을 줍니다.

두 번째는 생화학적 소화입니다. 우리가 섭취한 음식물은 소화기관에서 분비하는 소화효소의 생화학적 작용에 의해 소화가 됩니다. 천연발효빵은 발효 미생물이 분비한 효소와 대사산물의 생화학적 작용으로 저분자 유기화합물 상태가 되므로, 체내에서 생화학적 소화 작용을 할 때 소화효소에 의한 지나친 생화학적 소화 작용이 일어나지 않아 건강에 좋습니다. 만약 음식물 섭취 후 지나친 생화학적 소화 작용으로 체온이 높아지면 면역력이 떨어져 건강이 나빠지기 때문입니다.

세 번째는 장내 발효 소화입니다. 섭취한 음식물이 소장의 하부에서부터 대장에 이르는 곳까지 서식하는 장내 미생물총(gut microflora)의 발효 과정을 통해 소화되는 것입니다.

천연발효빵은 발효 산물인 유기산이 많아 장내 발효에 의한 소화 작용을 할 때 장내 미생물들에게 에너지원을 주어 활성화합니다. 천연발효빵도 다른 발효식품처럼 장내 미생물총을 튼튼하게 만들어 인체의 면역력을 향상시키는 것입니다. 인체 면역력이 향상되면, 아토피, 비염, 천식 같은 각종 면역 질환, 만성피로, 암 같은 질환들을 극복할 수 있습니다.

이 책을 통해 저자는 공장제 이스트와 제빵 개량제를 사용하여 고온에서 짧은 발효시간에 많은 양의 이산화탄소만을 발생시켜 부피감 있는 빵을 만드는 고온 단시간 제빵법을 대신하여 천연발효종을 이용하는 제빵법을 지금까지 만들었던 빵들에 접목하고자 합니다.

저자는 유럽식 천연발효빵의 제조 노하우를 이 책을 통해 공개하여 빵의 본질(발효식품, 슬로푸드)을 아시는 고객들의 'NEEDS'와 'WANTS'를 만족시키고 입맛을 사로잡을 수 있는 천연발효빵을 많은 베이커리에서 손쉽게 제조할 수 있기를 기대합니다.

저자의 감사의 말

늘 응원해 주는 사랑하는 아내 박희진, 창영, 창규, 우리 가족과 함께 고생하고 노력하는 〈빵판다〉 스태프들께 감사 인사드립니다. 끝으로 이 책이 출간될 수 있도록 도움을 주신 씨마스 이미래 대표님과 임직원, 좋은 글을 담당해 주신 종로호텔직업전문학교 김창석 부원장, 포토그래퍼 김진규님께 감사드립니다.

이 책을 통하여 많은 사람들이 건강하고 행복해지시길 기원합니다.

저자 드림

이 책의 내용을 파악하는 데 필요한 기본 개념

1. 천연발효빵이란?

- 다양한 발효 미생물을 활용하여 저온 발효법으로 요리한 발효 음식이며 전통적인 제빵법에 따라 노력과 정성을 기울여 요리한 슬로푸드(slow food)이다.

2. 발효란?

- 사전적 의미에서는 효모가 대사산물로 에틸알코올을 만드는 알코올 발효, 유산균이 대사산물로 유산을 만드는 유산 발효, 초산균이 대사산물로 초산을 만드는 초산 발효 등을 가리킨다.
- 많은 양의 공장제 이스트와 화학첨가물을 사용하는 고온 단시간 발효빵과 냉동빵에서 발효란 이스트의 가스 발생력과 밀가루 글루텐의 가스 보유력을 극대화시켜 완제품의 부피를 가능한 크게 만드는 것이다. 그래서 이스트의 가스 발생력이 극대화되도록 이스트 사용량, 반죽 온도, 호기성 발효 등 이에 적합한 발효 환경을 유지한다.

3. 이 책에서 전달하고자 하는 천연발효란?

- 천연발효는 발효 미생물이 대사하며 분비한 효소와 발효 미생물의 대사산물(발효산물), 식재료에 함유되어 있는 효소 등을 이용하여 식재료를 분해하는 생화학적 숙성이며, 식재료를 조리하는 여러 요리법 중에서 가장 인체 친화적인 방법이다.

4. 발효 작동 원리 관점에서 본 '냉동빵'과 '고온 단시간 발효빵'의 특징

- 많은 종의 효모 중에서 가스 발생력이 가장 뛰어난 에일 맥주 효모를 공장에서 순수 배양하여 반죽에 사용한다. 반죽이 호기성 상태를 유지하여 짧은 발효 시간 안에 많은 양의 이산화탄소를 만들어 빵을 단순히 크게 부풀린다.

5. 천연발효빵이 인체 내에 미치는 물질대사

- 천연발효빵은 비타민, 무기질, 필수 아미노산, 필수 지방산, 생리 활성 성분 등을 효과적으로 소화·흡수할 수 있도록 하여 혈관질환 예방, 염증 유발 세균 억제, 바른 자세를 취할 수 있는 체조직 구성 등 다양한 물질대사에 관여한다.
- 인간은 주위 환경으로부터 생명 유지에 물질을 흡수하여 자신에게 필요한 물질로 합성하는 동화작용(anabolism)과 이 물질을 분해하면서 그로부터 생명 활동에 필요한 에너지를 얻는 이화작용(catabolism)을 한다. 그러한 과정에서 생긴 부산물이나 노폐물은 체외로 배출한다. 이렇게 동화와 이화의 물질 흐름을 가능하게 하는 것이 물질대사이다. 천연발효빵을 섭취하면 천연발효 시 생성된 발효산물과 효소가 식재료의 분해 산물과 함께 혈관 속에 흡수되어 물질대사 시 문제를 야기하는 콜레스테롤과 중성 지방이 혈관에 쌓이는 것을 예방할 수 있다.

6. 제빵에서 사용하는 순수 배양한 공장제 효모의 특징

- 사카로미세스 세레비시에(Saccharomyces Cerevisiae)라는 이름의 작은 단세포 식물로, 분류학상 진균류(眞菌類)에 속한다. 고온 발효용 에일 맥주 효모의 특징인 이산화탄소 발생력이 뛰어나다.

7. 천연발효빵을 만들 때 이용되는 천연발효종의 종류와 대사산물(발효산물)

- 효모균류(Saccharomyces species): 이산화탄소와 에틸알코올을 대사산물로 만든다.
- 유산균류(Hetero lactobacillus species): 이산화탄소, 에틸알코올과 유산(젖산) 등을 대사산물로 만든다.
- 초산균류(Acetobacter species): 초산(식초)을 대사산물로 만든다.

8. 제빵에서 반죽을 숙성시키는 3가지 방법

- 믹서를 이용한 물리적 숙성 방법(physical aging method)
- 제빵 개량제를 이용한 화학적 숙성 방법(chemical aging method)
- 발효 미생물의 대사산물과 효소를 이용한 생화학적 숙성 방법(biochemical aging method)

9. 물리적 숙성 방법의 특징

- 믹서로 반죽에 물리적인 힘을 가하면 글루텐을 연화하고 가스 보유력을 높여 부피감이 좋은 빵을 만들 수 있다.

10. 화학적 숙성 방법의 특징

- 산화제와 환원제가 함유된 제빵 개량제를 이용하면 반죽의 믹싱 시간과 1차 발효 시간을 단축해 생산성을 향상시킬 수 있다.

11. 생화학적 숙성 방법의 특징

- 발효 미생물의 대사산물과 효소를 이용하여 인체 친화적이고 소비자들의 거부감을 줄일 수 있지만, 1차 발효 시간이 길어져 생산성이 떨어지는 문제점을 갖고 있다.

12. 공장제 효모를 이용하여 팽창을 극대화시킨 빵의 특징

- 빵의 식감이 가볍고 질감은 부드럽다. 원재료의 향이 강하게 나며 기공은 크고 조직은 거칠며 부피는 크다. 껍질의 두께가 얇고 껍질색은 진하다.

13. 천연발효종을 이용하여 숙성을 극대화시킨 빵의 특징

- 빵의 식감이 묵직하며 질감은 쫄깃하고 쫀득하다. 발효향이 강하게 나며 기공은 작고 조직은 조밀하며 부피는 작다. 껍질은 두껍고 껍질색은 연하다.

14. 천연발효빵과 공장제 효모빵의 발효 상태가 다른 이유

- 천연발효빵과 공장제 효모빵에 작용하는 발효 미생물의 종류가 다르다.
- 천연발효빵과 공장제 효모빵에 작용하는 발효 미생물의 대사산물과 효소가 다르다.
- 천연발효빵과 공장제 효모빵에서 사용되는 앞선 반죽의 발효(숙성) 방식과 정도가 다르다.

15. 천연발효빵에 이용되는 천연발효종(미생물) 배양법

(1) 빵의 종류에 따라서 천연발효종(미생물)의 우점(dominant)을 선택한다.

- 유럽식 식사용 빵을 만들 때에는 유산균류가 우점인 사워종 배양법을 사용한다.
- 아시아식 간식용 빵을 만들 때에는 효모균류가 우점인 액종 배양법, 원종 배양법을 사용한다.

(2) 천연발효종(미생물) 자가 배양법의 종류

- 유산균류를 우점으로 배양하는 유럽식 천연발효 미생물 자가 배양법인 사워종 배양법이 있다.

- 효모균류를 우점으로 배양하는 일본식 천연발효 미생물 자가 배양법인 액종 배양법과 원종 배양법이 있다.

(3) 천연발효종을 접종할 수 있는 식재료의 선택

- 곡류인 호밀가루, 통밀가루, 흰 밀가루를 시료로 많이 사용하며 유산균류가 우점이다.
- 과일인 건포도, 제철 사과, 건무화과를 시료로 많이 사용하며 효모균류가 우점이다.
- 허브 앤 스파이스인 건바질, 건로즈마리, 건오레가노를 시료로 많이 사용하며 효모균류가 우점이다.

(4) 천연발효종을 배양할 때 조절할 수 있는 환경 요인

- 온도, 수소이온 농도, 먹이의 종류와 함유량, 수분 함량, 배지의 형태, 산소, 운동성 등이다.

(5) 천연발효종과 공장제 효모를 배양하는 환경 요인이 다른 이유

- 천연발효종을 제빵사가 자가배양할 때는 병원성 미생물의 증균은 억제하고 필요한 발효종의 우점도를 높일 수 있는 선택적 배지의 형태로 구성하여 배양한다. 반면에 공장제 효모를 실험실을 거쳐 공장에서 재배할 때는 생산성을 높일 수 있게 최적의 증균 배지 형태로 구성하여 배양하기 때문이다.

(6) 액종 배양법이란?

- 천연발효종을 생육할 때 필요한 환경 요인을 조절한 액체 배지에 식재료로부터 다양한 미생물을 접종한 후 효모균류가 우점이 되도록 분리, 증균하는 증균 배양 방법이다. 액종 배양법은 화학적 환경 요인인 산소 농도를 조절하여 혐기성 배양, 호기성 배양, 미호기성 배양 등으로 증균, 발효산물, 우점도를 조절할 수 있다. 산소 농도는 배양 시 진탕과 정치를 적절히 사용하여 조절한다. 액종은 액종 배양법으로 배양한 액상 효모의 상태를 가리킨다.

(7) 발효 액종이란?

- 액종 배양법에서 효모균류가 우점인 천연발효종을 증균하면서 발효산물도 함께 생성된 상태의 액종을 가리킨다.

(8) 원종이란?

- 미생물학에선 스타터(starter)를 가리키나 천연발효빵에선 다양한 미생물로 구성된 액종에서 빵 만들기에 적합한 효모균류의 우점도를 좀 더 높이기 위해 곡류와 소금, 물로 선택증균 배지를 만들어 접종한 후 계대 배양해서 분리, 선택, 증균한 천연발효종을 가리킨다.
  - ① 원종 배양법: 액종에서 빵 만들기에 적합한 효모균류의 우점도를 높이기 위해 곡류와 소금, 물로 액체배지나 고체배지를 만든다. 그리고 액종을 접종한 후 환경 요인을 관리하면서 계대 배양하여 분리, 선택, 증균하는 선택증균 배양방법이다. 효모균은 호기성 진균류이므로 배양방식은 진탕배양법을 근간으로 하면서 정치 배양법을 혼용하여 사용한다.
  - ② 원종 리프레시: 천연발효종으로 사용한 후 원종의 양을 늘리기 위한 계대 배양을 가리킨다.
  - ③ 원종 먹이 주기: 화학적 환경 요인 중에서 pH를 관리하여 원종의 성숙 정도와 발효 정도를 일정하게 유지하는 계대 배양을 가리킨다.

(9) 발효 원종이란?

- 원종 배양법에서 효모균류가 우점인 천연발효종을 분리 선택하여 증균시키면서 발효산물도 함께 생성된 상태의 원종을 가리킨다.

(10) 사워종이란?

- 곡류에서 채취한 신맛을 내는 발효의 씨앗으로 유산균류의 우점도를 높인 천연발효종을 가리킨다.
  - ① 사워종 배양법: 곡류를 종 배양을 위한 환경 요인으로 설정하여 분리, 증균하는 액체배지나 고체배지로 사용하며, 곡류를 다양한 미생물 중에서 유럽식 천연발효종의 접종재료로 유산균류의 우점도를 높이는 계대증균 배양방법이다. 유산균은 미호기성 세균류이므로 배양방식은 정치 배양법을 근간으로 하면서 진탕 배양법을 혼용하여 사용한다.
  - ② 사워종 리프레시: 천연발효종으로 사용한 후 사워종의 양을 늘리기 위한 계대 배양을 가리킨다.
  - ③ 사워종 먹이 주기: 화학적 환경 요인 중에서 pH를 관리하여 사워종의 성숙 정도와 발효 정도를 일정하게 유지하는 계대 배양을 가리킨다.

(11) 발효 사워종이란?

- 유산균류가 우점인 천연발효종을 증균시키면서 발효산물도 함께 생성된 상태의 사워종을 가리킨다.

(12) 종과 발효종을 구분하는 이유

- 단순히 종만 채취 배양된 상태와 종이 배양되고 발효산물이 생성된 상태를 구분해야 종을 첨가해 본 반죽을 제조할 때 1차 발효상태의 다양한 변화를 이해할 수 있다. 종에 생성된 발효산물의 총량은 pH를 기준으로 설정할 수 있다.

(13) 액종, 원종, 사워종을 배양한 후 발효산물을 만드는 발효법과 발효산물의 종류

- 고온 발효법(warm fermentation): 발효종을 24~30℃에서 관리하며 에틸알코올이 많이 생성된다.
- 저온 발효법(cold fermentation): 발효종을 7~15℃에서 관리하며 유기산이 많이 생성된다.
- 냉장 보관법(cold storage): 발효종을 5℃에서 관리하며 발효산물과 효소의 분해작용으로 반죽이 숙성된다.

(14) 완성된 천연발효종 보관방법

- 액종과 발효 액종은 5℃ 이하에서 냉장 보관하면 비슷한 상태에서 사용이 가능하다.
- 원종, 발효 원종, 사워종, 발효 사워종은 먹이를 주며 5℃ 이하로 냉장 보관하면 비슷한 상태에서 사용이 가능하다.

이 책의 특징 7

1. 사워종을 사용하는 유럽식 천연발효빵의 실전 레시피를 제시한다.
2. 소비자의 취향에 맞게 사워종의 신맛을 조절하여 배양할 수 있는 이론적 토대를 제시한다.
3. 실전에서 효율적으로 사워종을 사용한 본 반죽을 관리할 수 있는 방법을 제시한다.
4. 한국 소비자의 취향에 맞는 다양한 부재료의 선택과 영양학적 가치를 제시한다.
5. 천연발효빵의 기호성과 기능성을 높이는 부재료의 다양한 전처리 방법을 제시한다.
6. 저온 장시간 발효를 하는 천연발효 반죽의 생산성을 높일 수 있는 관리법을 제시한다.
7. 천연발효 개념을 적절히 표현할 수 있는 단어로 제시한다.

제1부 유럽식 천연발효빵의 이해

제2부 천연발효빵 실전 레시피

제1부

유럽식
천연발효빵의
이해

1. 천연발효빵의 특징

과학적이고 현대적인 제빵법에 따라 신속하고 효율적으로 만든 냉동빵 및 고온 단시간 발효빵과 비교하여 전통적인 제빵법에 따라 노력과 정성을 기울여 만든 천연발효빵의 매력과 가치를 찾아보기로 한다.

1) 천연발효빵의 풍미

천연발효종으로 만든 빵은 껍질(크러스트)이 약간 두꺼워 질긴 듯 바삭하고 속(크럼)은 쫀득하고 쫄깃하여 깊은 여운이 남는 맛과 풍미를 느낄 수 있다. 반면 냉동빵과 고온 단시간 발효빵은 껍질이 비교적 얇고 바삭하다. 속은 가볍고 부드러우나 두드러진 특징이 없이 밋밋한 맛과 풍미를 준다.

공장제 효모와 화학 식품 첨가물을 넣은 빵은 제조 후 시간이 지날수록 이스트 고유의 냄새가 나는 데 반해 천연발효빵은 발효 산물이 풍부해 깊은 맛이 오래 유지된다. 그리고 천연발효 과정에서 사용한 재료의 독특한 맛과 향, 색, 필수 영양 성분 등이 그대로 빵에 함께 담긴다.

2) 천연발효빵의 효능

인체 친화적인 천연발효 요리법으로 빵을 만들면 식재료의 구성 성분을 효과적으로 얻을 수 있어 건강에 도움을 준다. 냉동빵, 고온 단시간 발효빵이 공장에서 만든 된장이라면 천연발효빵은 전통 방식으로 발효시켜 만든 된장에 비유할 수 있다. 전통 된장에는 오랜 기간 다양한 발효 미생물이 작용하여 맛과 향이 깊어지고 암과 콜레스테롤을 예방하며 면역력을 향상시키는 좋은 성분이 만들어진다. 그래서 같은 발효식품인 천연발효빵 역시 천연발효 미생물인 효모균류, 유산균류, 초산균류 등의 작용으로 몸에 유익하고 맛과 향이 좋아지는 효과를 얻는 것이다.

한편, 천연발효종은 공장제 효모와 화학 식품 첨가물보다 발효 시간이 긴 불편함이 있다. 공장제 발효종 1g당 1억 마리 이상의 배양 효모가 존재하는 데 비해 자가제 발효종에는 일반적으로 1g당 천연발효 미생물이 100만~1,000만 마리 정도 들어 있기 때문이다. 따라서 천연발효빵은 반죽을 숙성하는 시간이 길어 반죽 내에 맥아당, 포도당, 과당 등 잔당이 적고, 굽는 시간이 길어지거나 굽는 온도가 높아져 껍질이 조금 두꺼워진다. 그러나 이것은 빵 내부의 수분이 날아가는 것을 방지하여 빵의 촉촉함을 오래 유지할 수 있는 이점으로 작용한다. 또한 발효 과정에서 천연발효 미생물이 좋은 대사산물들을 만들어 소화 및 흡수를 돕고 빵을 먹은 후 느낄 수 있는 더부룩함 등을 없애는 효과가 있다.

> **천연발효빵의 매력과 가치**
> · 껍질(크러스트)은 바삭하고 속(크럼)은 쫀득한 식감
> · 많은 발효산물에 의해 맛과 향이 풍부하고 깊으며 여운이 남음.
> · 저온 장시간 발효하여 식품 내 결합수의 비율이 높아져 저장성이 좋음.
> · 저온 장시간 숙성에 의해 고분자 유기화합물이 저분자 유기화합물로 분해되어 소화 · 흡수가 잘 됨.
> · 발효 중 생성된 유기산은 필수 아미노산, 필수 지방산, 무기질, 비타민, 생리 활성 성분의 체내 소화 흡수율을 높임.

2. 천연발효빵의 종류

1) 일본식 천연발효빵

일본식 천연발효 미생물 자가 배양법은 종을 배양할 때 다양한 미생물 중에서 효모균류를 우점 (The dominance of Lactobacillus species)으로 한다. 효모균류를 접종하는 시료로는 과일을 사용한다. 주로 당도가 높고 신맛이 있는 사과와 포도를 사용하며 과일의 표피에서 효모균류를 접종한다. 채취한 효모균류는 당을 발효시켜 대사산물로 에틸알코올과 이산화탄소를 생산한다. 과일에서 채취한 천연발효종은 공장제 효모에 비해 에틸알코올 생산력은 높고 이산화탄소 발생력은 낮은 편이다. 또한 곡류에서 채취한 천연발효종보다 빵이 가볍고 부드러우며 신맛이 없다는 점이 일본식 천연발효 미생물 자가 배양법의 가장 중요한 특징이다.

한편 우리나라에서는 사과나 건포도뿐 아니라 무화과, 바나나, 블루베리, 라즈베리, 허브 앤 스파이스로 만드는 액종과 쌀, 밀가루, 보리, 통밀 등으로 만드는 사워종, 막걸리종, 누룩종 등 여러 형태의 식재료에서 천연발효 미생물을 채취 및 배양하여 제빵에 사용하고 있다. 이렇듯 천연발효 미생물은 과일, 허브 앤 스파이스, 곡류 등 다양한 식재료에 존재한다. 이 책에서는 유럽식 천연발효 미생물 자가 배양법을 적용하여 우리나라 사람들의 입맛에 맞게 산미와 발효력을 조절한 사워종 배양법으로 만든 실전 천연발효빵을 소개한다.

2) 유럽식 천연발효빵

유럽식 천연발효 미생물 자가 배양법은 통밀, 호밀, 흰 밀가루 등에서 유산균을 가장 많은 개체 수로 증강 배양하는 방법이다. 이러한 발효종을 사워종(sour dough)이라고 한다. '사워'는 신맛을 의미하므로 사워종으로 빵을 만들면 자연스럽게 신맛이 난다. 이 신맛은 유산(lactic acid)과 초산(acetic acid)에 의한 것으로, 곡류를 숙성시켜 빵뿐만 아니라 빵과 함께 먹는 다른 식재료(요리)의 영양 성분과 생리 활성 성분이 인체에 효율적으로 소화·흡수될 수 있도록 한다. 그래서 미국과 유럽에서는 통밀, 호밀, 화이트 사워종을 이용한 천연발효빵을 다양한 요리와 함께 즐겨 먹는다.

> **사워종의 종류에 따라 어울리는 요리(식재료)**
> - **호밀 사워종**: 강한 신맛을 갖고 있어 호밀, 잡곡을 이용한 빵에 종으로 사용하기 적합하며 육류를 사용한 요리와 함께 섭취하면 육류의 소화·흡수율을 높인다.
> - **통밀 사워종**: 비교적 순한 신맛을 갖고 있어 통밀, 건과일, 견과일 등을 이용한 빵에 종으로 사용하기 적합하며 생선을 사용한 요리와 함께 섭취하면 생선의 소화·흡수율을 높인다.
> - **흰 밀가루 사워종**: 가장 순한 신맛을 갖고 있어 부드러운 흰 빵에 종으로 사용하기 적합하며 야채를 이용한 요리와 함께 섭취하면 야채의 소화·흡수율을 높인다.
> - 다양한 발효종 만들기는 '천연효모 발효빵의 이론과 실습'을 참고한다.
> - 샤워종의 종류에 따라 어울리는 요리는 '천연발효빵과 요리의 콜라보'를 참고한다.

3. 발효의 이해

1) 발효의 유래

발효(fermentation)는 넓은 의미에서 미생물의 효소 작용으로 유기물을 전환시키는 것을 뜻한다. 발효를 뜻하는 영어 'Fermentation'은 '끓는다'라는 뜻의 라틴어의 'ferverve'에서 유래하였으며, 이것은 알코올이 발효할 때 발생하는 이산화탄소로 인해 거품이 이는 현상을 나타낸 것으로 추측된다.

레벤후크(Antoni van Leeuwenhoek)는 자체 제작한 현미경으로 발효 과정에서의 극미동물(animacules)을 발견함으로써 발전의 전기를 마련하였다. 파스퇴르(Louis Pasteur)는 발효에 있어서 미생물의 역할을 해명하여 생물발생설을 실험으로 증명하였으며, 알코올 발효가 효모의 혐기적 상태에서 에너지 획득을 위한 수단이라는 주장을 하여, 발효 분야에 큰 기여를 하였다.

2) 발효식품

발효식품은 지역과 원료에 따라서 고유한 미생물 상과 맛, 풍미 및 조직감을 갖는 식품으로 분류된다. 특히 발효식품은 식재료의 저장성 부여와 영양성 증진이라는 중요한 가치를 가진다.

일반적으로 고유한 발효식품에 존재하는 미생물은 섭취가 가능하다. 미생물은 탄수화물, 단백질, 지질 및 펙틴을 분해하는 가수 분해 효소들과 기타 효소들을 생산한다. 이러한 효소들은 비타민, 필수 아미노산, 필수 지방산, 항생물질, 유기산, 펩타이드, 단백질, 지질, 다당류 및 방향 물질 또는 풍미 증진 물질을 생산하여 발효식품의 가치를 높인다.

발효식품은 사용되는 원료 또는 발효 기작(메커니즘)에 따라 분류할 수 있다. 원료는 크게 축산, 농산, 수산물로 분류된다. 지역과 인종에 관계없이 다양한 원료로 제조되는 발효식품은 발효 형태에 따라 알코올 발효, 젖산 발효, 초산 발효 및 기타 발효로 크게 분류된다.

발효식품 제조에 관여하는 유용한 미생물들은 주로 젖산균, 초산균, 곰팡이 및 효모 등이다.

| 대표적인 발효식품 |

| 김치 | 막걸리 | 메주 |

3) 천연발효의 이해

식품이 미생물에 의해서 변질될 때 인간에게 해롭게 변질되면 부패라고 하고, 인간에게 이롭게 변질되면 발효라고 한다. 발효는 다음과 같은 3가지 유형으로 세분화하여 정의할 수 있다.

① **팽창**: 순수 배양한 공장제 효모를 사용하고 빵 반죽을 호기성 상태에서 관리하여 짧은 시간 안에 많은 양의 이산화탄소를 만들어 반죽을 단순히 부풀리는 것이다. 대표적인 식품에는 냉동빵과 고온 단시간 발효빵이 있다.
② **발효**: 효모가 에틸알코올을, 유산균이 유산을, 초산균이 초산을 만드는 일련의 과정이다. 대표적인 식품에는 에틸알코올로 만들어진 술, 유산으로 만들어진 요구르트, 초산으로 만들어진 식초 등이 있다.
③ **숙성**: 발효 미생물이 대사하는 과정에서 분비한 효소와 배설한 대사산물 그리고 식재료에 함유되어 있는 효소 등을 이용하여 식재료를 분해하는 일련의 과정이다. 대표적인 식품에는 배추를 분해한 김치, 콩을 분해한 간장과 된장, 우유 단백질을 분해한 치즈가 있다.

이 세 가지 발효 유형 중에서 세 번째를 생화학적 숙성이라고 하며, 제과·제빵 분야에서는 이를 천연발효라고 정의한다. 그러므로 천연발효란 생화학적 숙성법으로 식재료를 구성하는 고분자 유기화합물을 저분자 유기화합물로 만들어 인체에서 소화·흡수하여 생리 활성 작용에 이용 가능한 상태로 만드는 인체 친화적인 조리법이다.

숙성(aging)이란 식품을 일정 조건하에 방치하여 목표로 하는 식품에 어울리는 풍미나 성질을 갖도록 조작하는 것을 의미한다. 조리 과정의 각종 단계에서 다음 조리 처리에 알맞은 상태가 될 때까지 일정한 온도와 시간에 방치해 두는 것도 숙성에 포함된다. 숙성 과정을 거치는 동안 식품 첨가물 등의 흡수와 조화, 미생물이나 효소의 작용 또는 성분 간의 상호 작용에 의한 향미 성분의 생성 및 식품의 조직 변화 등이 일어난다. 숙성 과정을 처리하는 방법에는 다음과 같은 3가지 유형이 있다.

① **물리적 숙성**: 식품을 일정한 온도와 시간에 방치하거나 식품을 구성하는 성분 간의 상호 작용을 촉진하기 위하여 여러 방식으로 힘을 가하는 조작을 가리킨다.
② **화학적 숙성**: 화학 식품 첨가물을 사용하여 조작하는 것을 가리킨다.
③ **생화학적 숙성**: 발효 미생물이나 식재료에 함유된 효소의 작용으로 조작하는 것을 가리킨다.

이 세 가지 숙성 유형 중에서 두 번째인 화학적 숙성을 경계해야 한다. 왜냐하면 빵에 사용되는 화학 식품 첨가물에는 반죽 조절제인 브롬산칼륨, 요오드칼륨, 아조디카본아미드, 인위적으로 추출한 비타민C, 이스트 조절제인 황산암모늄, 염화암모늄, pH 조절제인 산성인산칼륨 등 많은 화학 식품 첨가물이 국내에서 법적으로는 문제가 없으나 유럽에서는 법적으로 불허하는 성분도 있으며 임상적으로 문제를 느끼는 소비자가 많아지고 있기 때문이다.

4) 발효의 종류

(1) 알코올 발효(alcohol fermentation)

산소가 없는 상태에서 효모의 에너지 획득 수단으로, 당류가 에틸알코올과 이산화탄소로 분해되는 현상이다. 이러한 발효를 알코올 발효라고 하며 알코올 발효를 이용하여 와인이나 맥주와 같은 술을 만들 수 있다.

$$C_6H_{12}O_6 \rightarrow 2C_2H_5OH + 2CO_2$$

(2) 젖산 발효(lactic acid fermentation)

젖산균의 젖산 발효는 유제품, 젖산 음료, 청주 및 침채류 등 많은 발효식품 제조에서 중요한 역할을 하고 있다. 젖산균에는 당을 분해하여 젖산만을 생산하는 호모(homo)형과 젖산 이외에 다른 대사산물(초산이나 에틸알코올)도 함께 생산하는 헤테로(hetero)형이 있다. 젖산 발효의 원료로는 우유, 유청, 전분질 및 당밀이 사용된다.

Homo lactic acid bacteria type

$$C_6H_{12}O_6 \rightarrow 2CH_3 \cdot CHOH \cdot COOH$$

Hetero lactic acid bacteria type

$$C_6H_{12}O_6 \rightarrow CH_3 \cdot CHOH \cdot COOH + C_2H_5OH + CO_2$$

$$C_6H_{12}O_6 \rightarrow 2CH_3CHOH \cdot COOH + C_2H_5OH + CH_3COOH + 2CO_2 + 2H_2$$

※공업적인 젖산 발효에는 Homo lactic acid bacteria type 발효균이 이용되고 발효식품 제조에는 풍미 형성과 관련 있는 Hetero lactic acid bacteria type 발효균이 이용된다.

(3) 초산 발효(acetic acid fermentation)

알코올을 함유하는 원료를 초산균(Acetobacter속)으로 발효하는 것이다.

$$C_2H_5OH + O_2 \rightarrow CH_3COOH + H_2O$$

(4) 아미노산 발효(amino acid fermentation)

미생물 중에는 무기염류나 단순한 유기물을 영양으로 하여 생육하는 것이 많으며, 이들은 단백질 합성에 필요한 아미노산을 모두 생합성하는 능력이 있다. 이때 생체에 구비된 대사 제어 기구 때문에 아미노산을 생육에 필요한 정도로만 생합성하게 된다. 아미노산 발효란 원래 균체 단백질 합성에 사용되는 아미노산을 비정상적으로 다량 생산시켜 균체 외로 배출 및 축적시키는 발효이다.

(5) 핵산 발효(nucleic acid fermentation)

천연 식품의 정미 성분으로 각종 아미노산, 핵산 관련 물질 및 유기산류 등이 있는데 이들 성분이 복합적으로 작용하여 맛이 난다. 특히 육류와 표고버섯의 주된 정미 성분은 각각 5′-이노신산(5′-IMP)과 5′-구아닐산(5′-GMP) 등의 뉴클레오티드(nucleotide)류이다. 이들 핵산계 물질은 글루타민산나트륨(MSG)과 혼합되어 복합 조미료로 시판되고 있다.

4. 발효 미생물의 이해

미생물이란 일반적으로 현미경이 아니면 관찰되지 않는 미소한 생물의 총칭이다. 소위 세균, 효모, 곰팡이 등 이외에 조류, 원생동물도 포함된다. 미생물은 공기나 토양, 땅속과 바다뿐만 아니라 사람이나 동물의 장관 내에도 살고 있으며, 그 종류도 매우 다양하다. 대부분의 미생물들은 인간의 생활과 밀접한 관계를 가지는데, 특히 식품에 작용하여 유용한 물질을 만들거나 변패시킬 수도 있다. 즉, 식품에 작용하는 미생물들은 부패와 발효에 관여한다. 발효식품 제조에 관여하는 미생물들은 곰팡이, 효모 및 세균들로 다양하지만, 여기서는 천연발효빵에 작용하는 효모균, 유산균, 초산균에 대해서만 기술한다.

1) 효모균의 이해

(1) 효모균의 유래

효모(이스트, Yeast)는 글자 그대로 '발효의 씨앗' 혹은 '효소의 어머니'라는 뜻을 가지고 있다. 효모는 당을 발효시켜 에틸알코올과 이산화탄소를 생산하는 능력이 있으며, 이 성질은 맥주와 와인의 제조나 빵의 발효에 이용된다.

효모를 처음으로 관찰한 과학자는 현미경을 발명한 레벤후크로, 그는 1680년에 맥주효모를 발견하였다. 효모 발효의 생물학적 의의는 1861년 L. 파스퇴르에 의해 알려졌다. 그는 포도주 발효가 효모에 의해 일어난다는 것을 처음으로 밝혔다. 이후 부흐너(Eduard Buchner)가 1897년 포도당을 산화시키는 효소인 치마아제를 발견하면서 효모의 생화학적 연구 발전에 큰 역할을 하였다.

(2) 효모균의 생리적 이해

진핵세포 구조를 갖는 고등 미생물 중에서 단세포의 미생물을 효모라 한다. 곰팡이나 버섯 무리에 속하는 진균류(眞菌類)이지만 효모의 모양은 곰팡이와 다르다. 효모 세포는 곰팡이의 균사가 퇴화하여 구형 또는 타원형으로 되었다고 한다. 맥주 효모, 청주 효모 등과 같은 배양 효모는 일반적으로 길이가 8~7μm, 폭은 6~5μm이며, 야생 효모는 더 작아서 길이는 3.5~4.5μm, 폭은 3μm 정도이다. 효모는 식물이지만 엽록체가 없어 광합성을 못하고 운동 기관이 없어 운동을 하지 않으며 일반적인 효모는 무성생식으로 출아 증식을 한다.

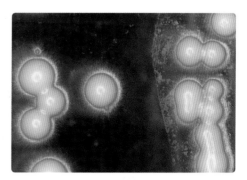

현미경으로 관찰한 효모

효모는 크게 포자를 형성할 수 있는 유포자 효모와 포자를 형성할 능력이 없는 무포자 효모로 나누어진다. 주로 약한 산성(pH 5~6)에서 잘 증식하고, 생육 최적 온도는 25~30℃로 중온균이다. 또한 곡류의 껍질, 식물의 잎, 꽃의 꿀샘, 과실의 표면이나 흙과 해수, 동물과 곤충의 체내 같은 곳에서도 생육하여 자연계에서 널리 분포되어 있다.

(3) 효모균의 생화학적 이해

당액에 효모를 첨가하고 호기적 조건으로 배양하면 호흡 작용을 하여 당분을 효모 자신의 증식 작용에 이용하고 이산화탄소와 물만 생성하게 된다. 그러나 혐기적 조건으로 배양하면 효모는 호흡 작용 대신에 발효 작용을 일으켜 당분을 에너지로 이용하기 위해 분해되어 이산화탄소와 에틸알코올을 생성한다.

$$\text{호흡 작용: } C_6H_{12}O_6 + 6O_2 \rightarrow 6CO_2 + 6H_2O + 686\text{kcal}$$
$$\text{발효 작용: } C_6H_{12}O_6 \rightarrow 2CO_2 + C_2H_5OH + 56\text{kcal}$$

이와 같이 혐기적 혹은 호기적 상태에서 효모가 만들어 내는 대사산물은 다양한 식품 산업에 이용된다. 탁주, 약주, 소주, 청주, 맥주, 포도주 등의 주류는 모두 효모를 이용해 양조된 것이며, 빵 역시 효모가 생육하면서 당분을 분해하여 생성되는 CO_2 가스를 이용한 것이다. 효모를 다량 배양하여 식용 또는 사료용으로 사용하기도 한다.

인스턴트 건조 효모

2) 유산균의 이해

(1) 유산균의 유래

유산균은 1857년 프랑스 화학자인 파스퇴르(Louis Pasteur)에 의해 발견되었고, 파스퇴르의 유산균 발견은 유산균의 연구가 활발해지는 계기가 되었다. 유산균을 이용한 발효유가 전 세계적으로 널리 보급된 계기는 '유산균 과학의 아버지'라고 불리는 러시아의 생물학자인 메치니코프(Ilya Mechnikov)에 의해서이다. 프랑스 파스퇴르 연구소의 수석 연구원이었던 그는 유산균 발효유의 섭취가 장에서 생성되는 독소에 의한 자가 중독 증상을 치유하는 것은 물론, 인간 생명 연장에 도움이 된다고 하는 논문을 발표하여 1908년 노벨 의학상을 수상했다.

1930년에는 일본의 시로다 박사가 누대 배양이라는 기법을 통해 인체 내 위액과 담즙에서 죽지 않는 특수 유산균인 야쿠르트균(락토바실러스 카제이시로다)을 육성 배양하는 데 성공하여 야쿠르트 제조에 사용되고 있다.

(2) 유산균의 생리적, 생화학적 이해

유산균은 자연계에 널리 존재하며, 포도당을 혐기적이나 미호기적으로 이용하여 유산(젖산, 락트산)을 생산하는 세균으로 락트산균, 젖산균이라고도 한다. 그람 양성균이며, 통성혐기성, 혐기성, 미호기성 등의 성질을 갖고 있다. 운동성은 없고 대부분 카탈라아제 음성이고, 유산균을 증식시킬 때에는 각종 비타민과 유도 단백질인 아미노산, 펩티드 등을 필요로 한다.

생리학적으로는 미호기성 상태에서 포도당을 분해하여 주로 젖산만을 생성하는 호모 발효균과, 젖산 외에 부산물(알코올, 이산화탄소, 유기산(초산 등))을 생성하는 헤테로 발효균으로 분류된다.

미생물 분류학상으로는 유박테리알레스(Eubacteriales)목(目), 락토바실리에(Lactobacillaceae)과

(科)에 포함된다. 형태상으로는 젖산 간균(막대기 모양 균)과 젖산 구균(공 모양 균)으로 크게 분류된다.

젖산 간균(桿菌)에는 락토바실러스(Lactobacillus)속屬과 젖산 구균(球菌)에는 스트렙토코쿠스(Streptococcus)속屬, 페디오코쿠스(Pediococcus)속屬, 류코노스토크(Leuconostoc)속屬 등이 있다.

식품과 가장 관계가 깊은 중요한 속屬은 락토바실러스(Lactobacillus)속屬이다. 대체로 미호기성이며 비운동성이다. 주로 우유와 육류, 침채류, 곡류, 주류 등의 식품과 식물체, 사람과 동물의 장관이나 분변에서 분리된다. 대부분은 포도당으로부터 젖산을 생성하는 정상 젖산 발효균이지만 젖산이외에 에틸알코올, 이산화탄소, 초산을 생산하는 이상 젖산 발효균도 있다.

식품 제조에 중요한 유산균에는 요구르트 제조에 이용되는 락토바실러스 불가리커스(Lactobacillus bulgaricus)종種, 치즈 제조에 이용되는 락토바실러스 카세이(Lactobacillus casei)종種, 신맛이 나는 빵과 김치 제조에 이용되는 락토바실러스 브레비스(Lactobacillus brevis)종種과 락토바실러스 플란타룸(Lactobacillus plantarum)종種 등이 있다.

(3) 유산균의 영양학적 이해

유산균은 직간접적으로 식품에 첨가되어 식품의 저장성을 향상시키며, 식품의 향미와 조직을 개선한다. 발효식품을 통해 섭취된 유산균은 장내로 유입된 후 장내 상피 세포에 착생하여 병원성 미생물의 저해 및 길항 작용, 면역 증진, 암 발생률 감소, 발암 원인성 효소 감소 등 건강에 많은 도움을 준다. 따라서 유산균은 동서양을 막론하고 유제품(요구르트, 치즈 등), 침채류(김치, 동치미, 피클등), 양조 식품(청주, 된장, 간장 등) 및 각종 젓갈류의 가공에 유용한 보조 수단뿐만 아니라 프로바이오틱스(probiotics, 인체에 이로운 미생물들)로도 이용되고 있다.

| 유산균이 포함된 식품 예시 – 유제품 |

요구르트   치즈

유산균이 인체 내에서 하는 중요한 영양학적 역할을 좀 더 자세하게 살펴보면 다음과 같다.

① **장내 유해균 억제 작용 및 정장 작용**: 장내에 정착한 유산균은 병원성 세균이 소화관 상피에 부착하는 것을 방해하여 질병 발생을 막아 주며, 유산균에 의해 생성된 항생 물질이 설사를 일으키는 병원성 미생물이나 장내 유해균을 죽이거나 증식을 억제한다.

② **피부 미용 효과**: 모든 사람은 장내에서 2~5kg의 숙변을 가지고 있으며, 이 숙변에서 유해 세균이 내는 독성 물질이 혈액 속으로 들어가 상대적으로 혈관의 노출이 많은 얼굴에서 그 독성이 나타나 피부 트러블이 생긴다. 유산균을 섭취하면 숙변 속에 존재하는 유해 세균 제거 및 독성 물질의 배출로 피부 미용 효과가 있다. 또한 유산균 대사 물질 중에서 박테로이신이라는 천연 항생제가 피부의 여드름균, 잡균을 억제하여 얼굴의 잡균, 여드름균 제거에 도움이 된다. 유산균의 대사 물질이 모낭충과 여드름균의 생장을 억제한다.

③ **혈중 콜레스테롤 감소 기능**: 유산균을 섭취하면 유산균 발효로 생성되는 HMG(Hydroxy Methyl Glutaric), 오로트산(Orotic acid), 요산(Uric acid) 등으로 콜레스테롤의 생성이 저해되고, 특히 락토바실러스 애시도필러스(Lactobacillus acidophilus)는 직접 콜레스테롤을 분해한다. 현대인의 3대 사망 원인 중의 하나인 혈관 질환으로 인한 심장병, 동맥경화, 고혈압 및 뇌졸중을 예방하는 데 유산균은 매우 유익하다.

④ **항암 작용**: 장내에는 발암 물질을 생성하는 많은 유해균들이 있다. 그러나 유산균은 장내에서 발암 물질을 생성하는 유해균의 생육 억제 및 사멸을 유도하여 항암 작용을 한다. 또한 지방 소화 시 다량의 즙이 분비되면 남은 담즙이 체외로 배출되지 않고 장내에 남아서 발암 물질로 전환되는데, 유산균은 이를 체외로 배설시킨다.

⑤ **면역 증강 작용**: 면역은 병원성 물질에 대한 인체의 방어 체계로, 면역을 통해 초기에 질병을 치유하고 예방할 수 있다. 병원균에 감염되었을 때 면역계의 신속한 반응은 질병으로부터 인간을 보호한다. 유산균은 이러한 면역계에서 병원균을 감지하는 마이크로파아지를 활성화시켜 임파구 분열을 통해 암세포 증식을 방지하고, 혈액 내 항체인 Ig A(immunoglobulin A)와 감마인터페론을 생산해 면역력을 높이고 질병에 대응한다.

⑥ **내인성 감염 억제 작용**: 인체에 항상 존재하는 균이 원인이 되어 일어난 내인성 감염으로 항생제를 장기 복용하면 비피더스 유산균(Lactobacillus bifidus)은 감소하고 항생제에 내성이 생기기 쉬운 대장균, 녹농균, 박테로이데스 등 잠재성 병원균이 증식한다. 이때 감기, 과로 등으로 몸의 면역계가 약해지거나 이상이 생기면 잠재성 병원균과 외부 침입한 병원균이 활동을 시작하여 여러 가지 질병이 나타난다. 이때 항생제를 복용하여 유해 병원균을 죽이는 것도 치료의 방법이지만, 이 경우 항생제에 대한 내성이 없는 유익한 균도 함께 사멸되어 장내 유익한 균이 감소하는 부작용이 생긴다. 따라서 유산균을 섭취하여 장내 세균의 균형을 유지하고 증상을 예방 또는 완화하는 것이 보다 합리적이라 할 수 있다.

⑦ **간경화 개선 작용**: 간은 우리 몸에서 독성 물질을 해독(분해)하는 매우 중요한 기관이다. 체내에서 단백질의 구성 요소인 아미노산으로 분해되면 간은 해독할 필요가 없다. 그러나 장내 유해균이 아미노산을 암모니아 같은 독성 물질로 분해하면 간은 이를 해독해야 한다. 그런데 장내 유해균의 활동으로 암모니아의 생성량이 증가하면 간에서 다 분해하지 못해 간에 쌓이게 되고 이는 간성 뇌증으로 발전할 수 있다. 암모니아를 생성하는 균의 제거를 위해 비피더스 유산균을 증식시키는 인자인 유당을 투여하여 독성 물질을 줄일 수 있다. 유산균 섭취와 더불어 간을 보호하는 약을 복용하는 것이 간 관련 증상 개선에 효과적이다.

⑧ **노화 억제 작용**: 노화의 원인에는 여러 가지 학설이 있으나 활성 산소에 의한 체세포의 노화, 유해 세균이 단백질과 지방을 부패시켜 만드는 유해 물질에 의한 노화, 유전자 속의 생체 시계에 의한 노화 등이 있다. 이 중에서 유산균과 관련된 노화는 노년기의 장내 균총 변화에 기인한다. 나이가 들면 장내 유익한 균인 비피더스 유산균이 감소하고 대장균 및 유해 세균이 급속히 증가하여 이들이 생성한 독성 물질로 노화가 진행 및 촉진된다. 이때 유산균의 섭취로 유해 세균의 생장을 억제, 사멸하여 유해 물질 생성을 억제하고 유익한 균을 인위적으로 보충해 주면 노화를 지연할 수 있다.

⑨ **유당 불내증 개선 작용**: 동양의 성인 70%가 우유에 들어 있는 유당을 분해하는 효소가 없어서 우유를 소화하지 못하는 유당 불내증을 가지고 있다. 유산균을 이용해 우유 속 유당을 분해하는 효소를 분비하여 만든 우유인 발효유는 유당 분해 효소가 없는 사람의 설사 증상을 예방하거나 개선시킨다.

⑩ **영양학적 가치 증진**: 유산 간균들은 발육 증식하면서 유산을 생성하며 부산물로 아밀라아제, 셀룰라아제, 리파아제, 프로타아제와 같은 소화 효소를 생성하여 음식의 소화 흡수를 돕는다. 또한 유산균은 비타민 B_1, B_2, B_6, B_{12} 등을 합성할 뿐만 아니라 비타민 B_1을 파괴하는 효소 생산균의 생육을 저해하여 비타민 B군을 안정화시킨다. 아울러 유산균이 장내에 생존하면서 부산물로서 비타민 B군 이외에 니코틴산, 비오틴, 이노시톨, 엽산, 비타민 K, 비타민 E 등을 생성한다.

⑪ **돌연변이 억제 효과**: 발효유 등에 함유된 유산균이 돌연변이를 억제하는 작용을 하는 것으로 밝혀졌다. 이는 최근 '유산균과 건강'을 주제로 우리나라에서 열린 대한보건협회 주최 제10회 국제학술심포지엄에서 처음으로 보고됐다. 발표자로 나선 일본 신슈대학(信州大學)의 아키요시 호소노(細野明義) 교수는 유산균 발효유가 발암 물질 활성을 저해하고 정상 세포의 돌연변이를 막는 역할을 한다고 주장했다. 인체실험 결과 유산균 발효유 섭취 전 시험자 배변 내의 돌연변이 발생 개수가 변 100g당 151개 였으나 락토바실러스균주를 사용한 발효유를 섭취한 뒤에는 배변 내의 돌연변이 개수가 71.9%나 감소했다. 그는 유산균 중에서도 락토바실러스 비피더스(Lactobacillus bifidus)와 락토코커스 락티스(Lactococcus lactis)가 항돌연변이 효과를 강하게 나타내는 주요 균주라고 밝혔다.

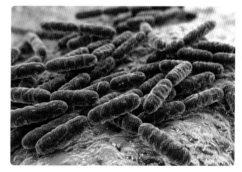

유산균 락토바실러스

3) 초산균의 이해

(1) 초산균의 유래

초산균은 술 성분의 에틸알코올을 산화시켜 초산인 식초를 만들면서 식생활에서 활용하게 되었다. 술을 만들 때 이용되는 효모균과 함께 인류의 식생활사에서 가장 오랜 역사를 갖는 발효식품(식초)을 만드는 미생물이다. 그래서 초산균의 유래는 식초의 유래와 함께 한다고도 할 수 있다.

식초는 영어로 '비니거(vinegar)'이다. 이는 프랑스어 'vinaigre'에서 비롯된 것인데, 'vin'은 '포도주', 'aigre'는 '시다'라는 뜻이다. 즉, 포도주로부터 신맛을 얻어 냈다는 의미로, 서양 최초의 식초를 포도주로 만들었다는 의미를 가진다. 그래서 식초의 역사를 술의 역사와 유사하게 보기도 한다. 중국에서는 채소를 소금에 절여 삭히거나 매실을 발효시켜 식초 대용으로 썼다. 식초의 한자어인 '酢(초)' 역시 '술이 시간이 지나 만들어진 것'을 의미하는 형성 문자이다.

우리나라에서도 처음에는 매실로 식초를 만들었지만 나중에는 주로 막걸리를 발효시켜 식초로 사용했다. 1924년 발행된 조선 시대 요리서 〈조선무쌍신식요리제법(朝鮮無雙新式料理製法)〉에 따르면 우리나라도 처음에는 중국과 같이 '酢(초)'를 쓰다가 음식의 독을 물리치는 기능이 있다고 여겨 이를 의미하는 '醋(초)'로 바꾸어 썼다고 나온다. 1960년대에는 화학 약품인 '빙초산'을 물에 희석해 식초로 쓰기도 했다. 빙초산은 석유에서 추출한 에틸렌을 산화해 만든 것으로 영양분이 전혀 없으며 현재는 빙초산으로 만든 식초는 거의 사용하지 않는다.

(2) 초산균의 생리적 이해

초산균은 에틸알코올을 산화하여 초산을 만드는 균과 포도당을 산화하여 글루콘산이나 케토산을 만드는 균으로 나뉜다. 전자를 아세토박터(Acetobacter)속, 후자를 글루코노박터(Gluconobacter)속이라고 부른다.

주로 초의 제조에 관여하는 Acetobacter는 슈도모나다시에(Pseudomonadaceae)과에 속하는 Acetobacteraceti, Acetobacterpasteurianus, Acetobacterperoxydans의 3균종으로 나뉘며, 모두 비병원균이며 초산을 생성하는 균이기 때문에 양조공업에서의 유용 세균으로 중요하다.

강호기성의 세균으로 약간 타원형을 한 간균(杆菌)으로, 세포는 단일 또는 짧은 연쇄상을 하고 있는 등 종류에 따라 다르다. 장기 배양, 고온 배양, 과잉 식염, 알코올 첨가 배양 등에 따라 실 모양, 그래프 모양, 약간 부푼 것 등 특이한 모양을 보이는 경우도 있다. 포자는 형성하지 않지만 대부분 액의 표면에 번식하여 균막(pellicle)을 만든다. 주편모(周鞭毛)나 극편모(極鞭毛)를 갖고 운동성이 있는 것과 편모(flagellum)를 갖지 않는 비운동성의 것이 있다. 대부분이 그람 음성균이다.

(3) 초산균의 영양학적 이해

① **풍부한 유기산과 각종 아미노산, 미네랄 등 생성**: 식초는 과일이나 곡물에 에틸알코올을 넣어 발효 숙성시켜 만드는 과정에서 초산균이 발생하여 생성된 것이다. 초산균은 신맛을 내는 초산, 구연산, 젖산, 아미노산, 미네랄 등을 만든다. 히포크라테스는 식초를 사용해 환자의 질병을 치료했고, 클레오파트라는 미용을 위해 식초에 천연 진주를 녹여 만든 액체를 즐겨 마셨다. 우리나라도 『동의보감』, 『한약구급방』, 『본초강목』 등의 전통 의학 서적에서 식초를 의약품의 재료로 다양하게 활용하여 질병을 치료했다는 내용이 나온다.

초산균을 이용한 식초

② **식중독균과 각종 병원균에 대한 항균 작용**: 식초는 부드럽고 약한 산성으로 초산, 젖산, 구연산 등의 유기산이 주성분인데, 미생물을 죽이는 살균력이 뛰어나다. 그래서 식초는 식중독균이나 각종 병원균을 죽여 질병을 예방하고 식품을 신선하게 오래 유지하는 역할을 한다.

③ **피로 회복과 심혈관 질환, 비만 등 각종 질병 예방**: 체내에서 피로 물질로 작용하는 젖산은 글리코 겐이나 포도당이 에너지로 변할 때 쌓이는데, 근력 운동과 근력 노동 같은 무산소 활동을 진행하면서 발생한다. 이때 식초는 젖산을 분해하는 작용으로 피로를 푸는 효능이 뛰어나다. 그리고 식초는 혈액의 점도를 낮추고, 혈관 내벽에 달라붙은 콜레스테롤을 제거하여 혈관의 유연성을 높이는 효능도 있다. 또한 혈액을 구성하는 혈당이 혈관 내에서 중성 지방으로 변하는 것을 막고 지방 대사를 촉진해 지방을 연소시켜서 고혈압, 동맥 경화, 비만 등을 예방해 준다. 그 외에도 위장병, 신경통 등의 질병을 예방하고 피부 미용, 노화 방지에 큰 도움을 준다.

4) 공장제 효모와 자가제 발효종의 이해

(1) '천연 효모' 용어의 유래

미생물학에서는 공장제 효모를 배양 효모라고 하고, 자가제 효모를 야생 효모라고 한다. 배양 효모와 야생 효모는 인간이 화학적으로 만든 것이 아니라 자연에 존재하는 천연 효모를 채취하여 배양한 것이다. 천연 효모는 일본에서 들어온 개념으로 야생 효모를 자가 배양하면서 효모를 유전자 조작하지 않고, 성장 촉진제와 항생제를 사용하지 않고 배양했다는 의미로 사용한다.

공장제 효모

(2) 공장제 효모의 이해

① 공장제 효모

많은 종류의 효모균류 중에서 이산화탄소 발생력이 뛰어난 맥주 효모(brewers yeast)의 한 종류인 에일 이스트(Ale yeast)만을 실험실에서 순수 분리하여 단일종 상태로 공장에서 배양한 것이다. 학명은 사카로미세스 세레비시에(Saccharomyces Cerevisiae)이다.

② 공장제 효모의 장점과 문제점

장점	문제점
이산화탄소 발생력이 뛰어난 형질을 갖고 있는 맥주 효모의 한 종인 사카로미세스 세레비시에 (Saccharomyces Cerevisiae) 중에서 분리와 동정하여 배양하므로 단시간에 빵을 크게 팽창시킬 수 있다.	효모를 대량 생산하는 과정에서 법적으로는 문제가 없으나 임상적으로 문제가 제기되는 성장 촉진제와 항생제를 사용하고 효모의 유전자를 조작한다.

(3) 자가제 발효종의 이해

① 자가제 발효종

　미소한 미생물이 존재하는 식재료에서 접종하여 효모균류 혹은 유산균류가 우점인 마이크로플로라 상태로 자가배양한 것이다.

② 자가제 효모의 장점과 문제점

장점	문제점
효모균류 혹은 유산균류를 배양하는 과정에서 임상적으로 문제가 제기되는 성장 촉진제와 항생제를 사용하지 않고, 발효 미생물의 유전자 조작을 하지 않았다. 다양한 미생물(microflora)이 천연발효(다중 발효)를 진행하여 이로운 발효 산물(유기산)을 많이 생성한다.	효모균류 혹은 유산균류를 자가배양하는 과정에서 위생 미생물의 발현을 억제하는 메커니즘(작동 원리)을 모르면 병원성 미생물을 배양할 수도 있다.

(4) 공장제 효모와 자가제 발효종의 차이점

	공장제 효모(culture yeast)	자가제 발효종(microflora)
발효 미생물의 종류	사카로미세스 세르비시에(Saccharomyces cerevisiae)가 단일종(single species)인 상태	락토바실러스(Lactobacillus) 혹은 사카로미세스(Saccharomyces)가 우점인 마이크로플로라(microflora) 상태
빵에 부여하는 풍미	발효의 향이 없어 원재료의 향이 부각됨.	• 락토바실러스 우점인 경우 약간 시큼하며 깊고 독특한 향 • 사카로미세스 우점인 경우 시큼한 향은 없으나 밀가루의 향을 없애고 깊은 향으로 만듦.
섭취 시 영양학적 효능	열량 영양소의 효과적인 섭취로 혈당 수치가 개선되어 신체의 활동성이 증가함.	• 조절 영양소와 구성 영양소의 효과적인 체내 흡수 • 재배와 유통 과정에서 첨가된 농약과 중금속 성분 분해 효과 • 성인병 예방 및 체질 개선
제빵 소요 시간	3~4시간	최소 7시간~72시간 이상

5. 발효 미생물 배양

1) 발효 미생물 양산 배양 과정

발효 미생물을 제빵사가 직접 배양하기 위해서는 먼저 미생물 배양 전문가인 미생물학자들의 발효 미생물 배양 방식을 알아야 한다. 미생물학자들은 실험실에서 어떤 특정한 목적에 적합한 발효 미생물을 키워 양산 배양이 가능한 스타터(starter)로 만들기 위해 크게 다섯 가지 기본적인 방법을 사용한다. 접종, 배양, 분리, 검사, 동정 등이 그것이다. 이 다섯 가지 방법으로 사용 목적에 적합한 발효 미생물을 찾아 배양하여 만든다.

(1) 접종(inoculation)

발효 미생물의 접종은 배양을 위한 선행 과정으로서 접종 재료를 미생물들이 증식할 수 있는 배지에 심는 것을 말한다. 이때 접종 재료(시료)는 배양시키기 원하는 미생물 개체를 가리키는 말인데 발효 미생물들은 일반적으로 독특한 배양 환경을 갖기 때문에 원하는 시료의 성공적인 배양을 위해서는 배양 환경을 적절히 조절 및 통제해야 한다.

(2) 배양 및 계대 배양(incubation & subculture)

발효 미생물을 배지에 접종시킨 후, 접종 재료인 어느 특정한 발효 미생물 개체를 성장 및 번식하게 하는 과정을 배양이라고 한다. 접종 때에는 개체수가 너무 적어 스타터로 사용할 수 없었던 발효 미생물은 배양을 통해서 성장 및 번식하여 스타터로 사용할 수 있게 된다. 이때 현미경으로 보이는 배지 속 미생물의 모습은 일반적으로 동그란 집락을 형성하는데, 이를 콜로니(colony)라고 부른다. 배양을 성공적으로 수행하기 위해서는 발효 미생물종의 특성에 맞춰 온도나 pH 및 그 밖의 배양 환경 요인을 알맞게 유지해야 한다.

(3) 분리 및 선택(isolation & selection)

어떤 특정한 목적에 적합한 발효 미생물을 단일종으로 키우기 위해서는 실험실에서 분리 및 선택을 해야만 한다. 분리 및 선택이 기본적인 기반을 삼는 개념은 하나의 미생물 개체가 다른 개체(세포)와 떨어져 구별되어 있고, 적절한 영양분이 공급되었을 경우 발생하는 콜로니는 단 하나의 종으로 이루어진 독립된 세포들의 집단이라는 것이다. 즉, 콜로니를 분리하여 현미경으로 관찰하면 그 콜로니 안에는 단 하나의 미생물 종만이 관찰된다. 추가적 분리를 위해 콜로니의 일부를 채취한 후 다른 배지에 접종하기도 한다. 분리는 접종과 배양의 결과라고 말할 수 있다. 이러한 방법으로 목적에 적합한 발효 미생물만을 배양할 수 있다. 그러나 천연발효빵을 제조할 때 이용하는 발효 미생물을 배양하는 방식은 락토바실러스(Lactobacillus) 혹은 사카로미세스(Saccharomyces)가 우점인 마이크로플로라(microflora) 상태로 만드는 것이다.

(4) 검사(inspection)

위의 접종, 배양, 분리 과정에서 얻어진 순수한 콜로니, 혹은 액체 배지 배양액으로부터 발효 미생물을 분석하기 용이해졌다. 검사는 관찰하기 용이해진 시료를 현미경 관찰, 염색법 등을 통하여 미생물의 특성을 조사하는 과정이다. 현미경 관찰을 통해서는 미생물의 운동성, 크기, 색 등을 확인할 수 있으며, 염색법으로는 시각적 관찰을 더 용이하게 할 뿐만 아니라 개체수, 생사의 유무, 특정 미생물의 분류 등을 알아낼 수 있다. 염색법에는 여러 가지가 있지만 대표적으로 단염색법, 그람 염색법 등이 있다. 이러한 방식으로 미생물학자들은 발효 미생물의 상태를 검사하지만, 제빵사는 배지의 물리적이고 화학적인 요소의 변화를 검사하여 간접적으로 미생물의 개체수와 운동성을 확인한다. 발효 미생물의 개체 수는 배지의 화학적인 요소인 pH의 변화로 확인하고, 발효 미생물의 운동성은 배지의 물리적인 요소인 팽창 시간과 정도의 상관 관계로 확인한다.

(5) 동정(identification)

동정은 발효 미생물의 종을 판별하여 어떠한 특성이 있고 어디에 속하는지를 알아내는 것이다. 검사에서 이미 알아내었던 특징과 함께 추가적 실험을 하여 발효 미생물의 특징을 알아내는 데 생화학적 검사, 면역학적 검사, 유전자 검사 등이 있다. 동정의 기준은 형태적, 생태적, 생리적, 분자생물학적 등이 있으며, 이들을 종합적으로 판단하여 동정을 하게 된다. 국제적으로 미생물의 공통된 이름인 학명을 써서 동정의 결과를 미생물학자들 사이에서 공용한다. 만약에 제빵사가 자신이 만드는 천연발효빵에 이용된 발효종(Levain)을 사업적으로 사용하고자 한다면 반드시 동정이라는 과정을 거쳐 발효 미생물의 특성을 파악하여야 한다.

2) 발효 미생물의 물리적인 환경 요인

(1) 온도의 영향

온도는 미생물의 생육 촉진과 억제에 관여한다. 온도가 상승하면 미생물을 구성하는 세포의 화학적 및 효소적 반응이 보다 빠른 속도로 이루어지기 때문에 생육이 촉진된다. 그러나 어떤 온도 이상에서는 미생물의 세포를 구성하는 단백질, 핵산 등이 고온에서 민감하기 때문에 비가역적으로 변성된다. 따라서 미생물은 불활성화되는 온도 이하에서는 온도가 올라가면 생육과 대사 기능이 촉진된다. 그러나 불활성화되는 온도 이상에서는 세포 기능이 급격히 감소하여 생장이 멈춘다.

> 모든 미생물에는 생육이 가능한 최저 온도, 생육이 가장 왕성한 최적 온도, 생육이 가능한 최고 온도가 있다. 최적 온도는 최저 온도보다 최고 온도 쪽에 더 가깝다. 이 세 가지 온도를 미생물의 생육 가능한 온도라고 한다. 최고 온도는 미생물의 세포 구성 성분이 불활성화되는 온도와 관련이 있다.

그러나 각 미생물의 최저 온도를 결정하는 요인은 분명하지 않다. 세포막은 적절한 기능을 가지기 위해 유동 상태를 유지해야 한다. 아마도 최저 온도에서는 미생물의 세포막이 동결되어 영양소의 흡수, 양자 동력의 형성 등 적절한 기능을 상실하게 된다. 세포막을 이루는 인지질에 어는점이 낮은 지방산을 결합시키면 낮은 온도에서도 유동성이 증가하여 미생물의 최저 온도가 내려간다. 이러한 이유 때문에 미생물의 생육 온도가 미생물 간에 큰 차이가 있다.

미생물의 종류	생육 가능한 온도	최적 온도
저온균	5~30℃	10~20℃
중온균	10~45℃	20~40℃
고온균	25~80℃	40~50℃
초고온균	55℃ 이하에서 생존 못함.	80~113℃
내저온성균	0~7℃에서 생장 가능	20~30℃

(2) 빛의 영향

빛에서 나오는 다양한 광선은 엽록소를 가지고 있는 고등 식물과 같은 광합성 미생물을 제외한 거의 대부분의 미생물에게는 유해하다. 그래서 미생물은 밝은 장소보다 어두운 장소에서 잘 생육한다. 그러나 곰팡이의 포자 형성에는 얼마간의 빛을 필요로 하며, 포자 형성 기관은 고등 식물과 같이 빛의 방향으로 자라며 성숙한 포자가 날아서 흩어질 때는 빛을 향하여 날아서 흩어진다.

태양광선의 종류에 따른 영향
- **직사광선**: 태양광선의 일종으로 살균력이 강하여 일반적인 세균은 몇 분 만에 사멸되며 포자도 수 시간 안에 죽게 된다.
- **가시광선**: 가시광선은 살균력이 비교적 약하지만 장시간 쬐면 생육 저해 현상이 나타난다.
- **자외선**: 자외선은 살균력이 강하므로 미생물 살균에 이용된다. 가장 살균력이 강한 파장은 2573Å 부근 파장의 자외선이다. 자외선은 살균 작용과 동시에 돌연변이를 일으키는 작용도 가지므로, 미생물의 형질을 변화시키고자 할 때 사용하기도 한다.

태양광선 중에 살균력을 가지는 것은 단파장의 자외선 부분이며, 가시광선과 적외선 부분은 살균력이 약하다. 그러나 가시광선을 장시간 쬐면 생육 저해 현상이 나타나므로 어두운 곳에서 미생물을 배양하는 것이 일반적이다.

(3) 압력(삼투압)의 영향

소금과 설탕에 의한 삼투압은 세균 증식에 영향을 끼친다. 미생물의 생육 환경 중에 소금의 농도가 높아지면 그 삼투압도 높아진다. 세균의 생육을 저지하는 소금 농도의 삼투압은 당류에 비해 낮은 편이므로 삼투압만으로 생육 저지 현상을 해석하기는 곤란하다. 소금에 대한 미생물의 내성은 각 균주에 따라 크게 다르므로, 일반적으로 2%의 식염의 존재로 생육 유무를 가리고 있다. 이러한 방법은 정설은 아니지만 일부의 분류 방법이 된다. 일반 세균들은 2% 이상의 소금에서 증식이 억제되고, 호염 세균은 3%의 소금에서 증식하고, 내염성 세균은 8~10% 소금에서 증식한다.

보존 식품 중에서 고농도의 당이 첨가된 경우, 효모나 곰팡이 등이 번식하여 식품을 부패시키는데, 이런 미생물이 내당성이며, 이때 식품을 공기로부터 차단하면 호기성인 효모나 곰팡이를 막을 수 있으므로 변성이 방지된다.

3) 발효 미생물의 화학적인 환경 요인

(1) 수분의 영향

대부분의 미생물은 수분이 있는 곳에서만 살 수 있다. 그러나 어떤 종류의 진균류는 대기 중의 수분을 이용해 생육할 수도 있다. 이 균들은 습한 열대 지방의 공기 중에서 아주 흔하게 발견된다. 대부분의 미생물들은 수분이 부족한 건조 상태에 현저한 저항력을 가지는데, 일반적으로 작은 세포는 큰 세포보다, 구균은 간균보다, 그람 양성균과 같이 두꺼운 세포막을 가지는 종류는 얇은 세포막을 지닌 종류보다 더 저항력이 강하다. 세균의 아포, 조류나 진균류의 유성포자, 원생동물의 포낭 등은 영양세포보다 건조에 대한 저항성이 높다. 건조한 상태에서 저항성이 강한 미생물은 물질대사 조절을 잘하여 다른 외부 영향이 미치지 않는 한 오랜 기간 생존할 수 있으며 수분이 충분해지면 급속히 재생 증식할 수 있다.

수분 활성이 낮은 배지에서 성장하는 미생물은 물을 빼내기 위하여 많은 에너지를 소비하므로 성장 속도가 느리다. 미생물은 각각 다른 수분 활성치를 가지고 있다. 미생물은 성장 가능한 수분 활성치가 각각 다르다. 대체적으로 미생물의 활성은 수분 활성치가 0.6~0.65에서 정지한다. 그러나 얇은 막의 세포벽을 갖고 있는 균은 건조에 약하기 때문에 공기에 노출되면 쉽게 죽고 두터운 지방막의 세포벽을 가지고 있는 균은 건조에 비교적 강하다. 그래서 세균, 곰팡이의 포자와 아메바의 자낭은 영양세포보다 월등히 내성이 높다. 특히 매우 건조한 환경에서도 생육할 수 있는 미생물을 내건성균이라고 한다.

건조는 식품을 보존하는 가장 오래된 방법이다. 또한 건조된 세포는 휴면 상태에 있으므로 적당한 수분만이 휴면을 깨뜨릴 수 있다. 미생물 세포를 우유와 같은 보호제 중에서 동결 진공 건조하면 미생물을 완전하게 건조 보존할 수 있다.

미생물을 생육하면 식재료나 식품의 수분 함량을 변화시키기도 한다. 특히 호흡 작용이 왕성한 아스페르길루스(Aspergillus)가 생육하면 발열에 의하여 식재료나 식품의 수분 증발을 촉진하여 수분을 감소시키지만, 동시에 미생물의 대사계에는 물의 생성을 수반하는 반응도 많다. 이러한 예로서 바실루스(Bacillus)가 생육하면 식재료나 식품의 수분을 9%로부터 14%로 함량을 상승시킨다는 연구 결과도 있다.

(2) pH의 영향

모든 미생물은 생육이 가능한 pH 범위를 가지고 있으며, 최적 pH 범위는 대개 매우 좁다. 거의 모든 자연환경의 pH는 pH5~9이며, 이 범위의 최적 pH를 갖는 미생물이 가장 흔하다.

① 호산성: pH값이 2 이하이거나 10 이상인 환경에서 생장하는 미생물의 종류는 그다지 많지 않다. 낮은 pH에서 자라는 미생물은 호산성이라고 한다. 일반적으로 진균류는 세균보다 내산성이 큰 경향이 있다. 많은 진균류의 최적 pH는 5 이하이며, 소수의 진균류는 pH가 2 정도로 낮은 환경에서도 잘 생육한다. 몇몇 세균도 호산성이다. 실제로 이러한 세균은 중성 pH에서는 생육하지 못하는 절대 호산성이다. 절대 호산성류의 가장 중요한 요소는 세포막이다. pH가 중성 쪽으로 이동할 때 절대 호산성류의 세포막은 분해되어 원형질이 밖으로 나오게 됨으로, 높은 pH가 절대 호산성류 세포막의 안정성에 필수적이다.

② **호알칼리성**: 몇몇 미생물은 높은 pH, 즉 pH10~11에서 잘 생육하므로 이들을 호알칼리성이라고 한다. 호알칼리성 미생물들은 소다수 호수, 탄산염 토양 등 염기성이 높은 생태계에서 발견된다. 대부분의 호알칼리성 원핵생물은 비해양성 호기성 세균류이며, 대표적인 것이 바실루스(Bacillus)이다. 몇몇 극단적인 호알칼리성 세균들은 호염성(소금을 좋아하는 성질)이며, 이들의 대부분은 원시 세균류이다. 몇몇 호알칼리성류들은 가정용 세제에 사용되는, 즉 알칼리성에서 작용하는 단백질 분해 효소와 같은 가수 분해 효소를 생산하기 때문에 산업적으로 많이 이용된다.

③ **호중성**: pH와 미생물 생육을 연관시키면 생육을 위한 특정 pH는 특정 미생물을 위한 것이며, 최적 생육 pH는 단지 세포 밖의 pH를 나타내는 것이다. 세포 내부의 pH는 산이나 알칼리에 불안정한 세포 내의 고분자 물질의 파괴를 막기 위해 거의 중성을 유지해야 한다. 절대 호산성류와 절대 알칼리류는 세포 내부의 pH가 중성에서 pH1~1.5 단위로 변화될 수 있지만, 대다수의 미생물의 생육을 위한 최적 pH는 6~8(호중성이라고 한다.) 사이이고, 세포질은 중성이거나 중성에 매우 가까운 pH를 갖는다.

(3) 산소의 영향

대기 중에 20% 함유되어 있는 산소는 많은 미생물에 절대로 필요한 것이지만 어떤 미생물에게는 독성이 있는 유도체를 유발하기 때문에 필요하지 않은 경우도 있다.

① **호기성균**: 산소는 호기성균에 있어서는 생명선이다. 산소의 필요성은 미생물의 종류에 따라 달라서 에너지를 얻기 위하여 산소를 필요로 하는 것과, 에너지 생성에 산소가 불필요한 것이 있다. 곰팡이와 효모는 일반적으로 생육에 산소를 필요로 하지만 세균 중에는 산소를 필요로 하는 것과 필요로 하지 않는 것도 있다. 미생물의 생육에 필수적으로 산소를 요구하는 균을 편성호기성균이라 하고, 호기성과 달리 산소에 대해서 민감한 분자들을 가지고 있고 또 호흡 시 산소가 낮은 수준일 때만 산소를 이용하는 균을 미호기성균이라고 한다. 호기성균의 생육을 위해서는 많은 양의 공기를 공급해야 한다. 그 이유는 물에 대한 O_2의 용해도가 극히 낮아서 미생물에 의하여 소모된 O_2를 빨리 보충하지 못하기 때문이다. 미생물을 배양할 때는 강제적인 통기를 해 주어야 한다. 강제적 통기 방법으로는 플라스크나 시험관을 진탕기를 이용하여 강하게 진탕하거나, 미세한 유리관이나 다공성 유리판을 통해 살균된 공기를 배지 속으로 불어넣어 준다. 일반적으로 호기성균은 단순한 O_2의 확산에서보다 강제 통기법으로 O_2를 공급할 때 더 잘 생육한다.

② **혐기성균**: 호흡계가 없어 산소를 최종 전자 수용체로 이용할 수 없는 균을 혐기성균이라 한다. 혐기성 미생물에는 산소를 이용하지 못하지만 내성이 있는 내기 혐기성균이 있고, 유리 산소의 존재가 오히려 생육을 저해하여 산소가 없는 환경에서만 생육하는 편성 혐기성균이 있다. 편성 혐기성균은 산소가 있으면 산소대사 산물의 일부를 해독하는 능력이 없어 사멸된다. 왜냐하면 산소가 환원되면서 과산화수소(H_2O_2), 초과산화물(O^{2-}), 히드록시 라디칼(·OH) 등 유해한 산물이 형성된다. 다수의 절대 혐기성균(편성 혐기성균)은 플라빈 효소를 많이 가지고 있는데, 이 효소는 산소와 반응하여 유해한 산물을 생성한다. 이와는 반대로 호기성균들은 유해한 산물을 분해하는 효소를 가지고 있지만, 혐기성균들은 이들 효소 전부 혹은 일부를 가지고 있지 않기 때문이다. 혐기성균을 배양하려면 O_2를 공급하는 것이 아니라 제거해야 한다. O_2는 공기 중에 항상 존재하기

때문에 혐기성균을 배양하기 위해서는 특별한 방법이 필요하다. 절대 혐기성균의 O₂에 대한 내성
이 일정하지 않기 때문에 배지로부터 O₂를 제거하는 여러 가지 방법이 있다. 이 중 어떤 것은 내
성이 약한 미생물에 대하여 간단하면서 적합하고, 어떤 것은 절대 혐기성균의 생육에 필요하지만
복잡하다. 배양기를 이용해 병이나 시험관에 배지를 완전히 채우고 뚜껑으로 덮으면 O₂에 대한
내성이 약간 있는 혐기성 세균을 배양할 수 있다.

(4) 영양분의 영향

미생물을 포함한 모든 생명체는 생명을 유지하고 성장하기 위해 에너지와 세포의 구성 성분이 필
요하다. 에너지 생산과 세포 구성 성분으로 필요한 물질을 영양분이라 한다. 미생물들은 각기 특성
있는 영양 요구 조건이 있으며, 영양 조건이 다양하기에 미생물 배지의 종류도 다양하다. 동식물과
마찬가지로 미생물의 세포 구성 원소는 H, N, C, S, O 그리고 P, Fe^{2+}, Ca^{2+}, Mg^{2+}, Na, K 등 소량의 무
기류 등이다.

미생물 세포의 약 80%는 물로 이루어진다. 나머지는 단백질, 지질, 핵산, 다당류 및 기타의 고형
성분으로, 물의 성분인 수소와 산소를 제외한 탄소, 질소, 인, 황 등으로 구성된 물질이 고형 성분의
95%를 차지한다. 인(P)과 금속원소들은 언제나 무기염류의 형태로 요구되는데, P, Fe^{2+}, Ca^{2+}, Mg^{2+},
Na, K 등은 미생물 성장에 비교적 많이 요구되므로 이들은 다량 원소라 하고, Zn, Co, Cu 등은 미량
으로 요구되므로 이들은 미량 원소라 한다.

어떤 종류의 특수한 세균들은 광합성 녹색식물처럼 무기화합물의 산화 작용에 의해 에너지를 얻
고, 탄소원으로는 공기 중의 CO_2를 이용한다. 탄소원으로 CO_2를 이용하는 생물을 독립 영양성, 유
기 물질에서 탄소를 얻을 수 있는 것을 종속 영양성이라 구분한다. 에너지원으로 태양광선을 이용하
는 생물을 광합성 생물이라 하고 화학 반응의 결과 에너지를 얻는 것을 화학 합성 생물이라 한다.

탄소원과 에너지원을 얻는 방법에 따른 미생물 분류
- **독립 영양성 광합성 생물(photoautotrophs)**: 태양광선을 에너지원으로, CO_2를 탄소원으로 이용하는 생물
  로서 고등 식물, 조류, 광합성 박테리아가 이에 속한다.
- **종속 영양성 광합성 생물(photoheteyotrophs)**: 태양광선을 에너지원으로, 유기물질을 탄소원으로 이용하
  는 생물로서 남색 및 녹색 박테리아(purple and green bacteria) 등이 있다.
- **독립 영양성 화학합성 생물(chemoautotrophs, chemolitohtrophs)**: CO_2를 탄소원으로 사용하고, 화학반
  응으로부터 특히 무기질의 산화로 에너지를 얻는 미생물로서 수소 박테리아, 무색 유황 박테리아, 철 박테
  리아, 질산화 박테리아(nitrifying bacteria) 등이 있다.
- **종속 영양성 화학합성 생물(chemoheterotrophs)**: 유기물질을 탄소원으로, 화학 반응에서 얻는 에너지를
  이용하는 생물들로 동물, 대부분의 세균, 곰팡이, 원생동물이 이에 속한다.

4) 발효 미생물의 생물학적 환경 요인

자연계에 존재하는 미생물은 순수한 단일종의 상태로서 생활하고 있는 것이 아니고 2종 이상의 미생물들이 혼재(混在)하여 상호간에 서로 영향을 주고받는 관계를 맺고 있다. 이와 같이 혼재한 상태에서 각 미생물간에는 영양 물질, 산소, 생활 환경 등의 경제적 섭취 혹은 어떤 균의 대사산물(때로는 항생 물질)이 다른 균을 억제하는 현상, 소위 길항 현상이 나타난다. 그러나 때로는 다양한 미생물들이 서로 연관되지 않고 불편 공생하거나 한 미생물이 일방적으로 혹은 양자 미생물이 서로 이익이 되도록 편리 공생하거나 종류가 다른 미생물이 공동으로 상호 기능을 나타내는 공동 작용을 하고 있다. 발효 미생물의 주요 상호관계를 설명하면 다음과 같다.

(1) 상호 공생

공존하는 각 미생물의 생장과 생존에 서로 유리한 영향을 주는 경우이다. 예를 들면, 식물과 질소 고정균, 치즈의 가루 진드기와 곰팡이 등의 상호관계가 있다.

(2) 공동 작용

2종 이상의 균들이 공존하면서 혼자서는 갖지 못했던 독특한 기능을 발현하는 경우이다. 예를 들면, 우유 제품에 있어서 청색 발현, 곰팡이의 상호작용에 의한 붉은 색소 생성 등의 상호관계가 있다.

(3) 편리 공생

공존 미생물이 서로 다른 쪽에 각각 유리하게 도움을 주는 경우이다.

> ### 편리 공생 예시
> - **혐기 배양법**: 편성 혐기성균을 호기성균 Serratia marcescens와 같이 배양하여 호기성균이 배양 환경의 산소를 소비시킨 후에는 편성혐기성균의 생육이 가능하다.
> - **토양 중의 섬유소 분해균**: 섬유소 분해균이 섬유소를 분해하여 glucose를 생성하면 공존하는 섬유 소비 분해성균에 의해 여러 종류의 세균의 생육이 가능하게 된다.
> - **곡립, 소맥립 등에 효모, 초산균의 생육**: 수분이 많은 곡립은 식물 표면에서 기원된 젖산균, coliform으로 산 발효가 먼저 일어나 산이 어느 양에 도달하여 효모가 생육하기 적당하게 되고 효모에 의하여 발효가 일어나며, 다시 초산균이 있으면 에틸알코올을 초산으로 변하게 하여 곰팡이를 억제시킨다.
> - **산막효모에 의한 산도 저하와 부패 세균의 유발**: 김치류에서 젖산균이 생성한 젖산을 candida속 등이 산화 분해하고 산도를 내려 부패 세균의 생육을 유발시킨다. 우유에서도 산막효모, 곰팡이가 표면에 발생하면 산도가 내려가 단백질 분해성 세균이 왕성하게 생육한다.
> - **젖산균에 의한 pH 저하와 내염성 효모의 생육**
> - **과즙발효에 있어서 효모의 자가소화와 젖산균의 생육 촉진**: 사과즙 발효의 후기에는 효모 균체에서 유리된 아미노산, purin 염기 등이 젖산균의 생육인자로서 작용한다. 자가소화가 일어나기 전에 효모를 제거하면 젖산균의 생육은 정지된다.

(4) 길항과 경합에 의한 불편 공생

두 종 이상의 미생물이 영양분, 산소, 생활 공간 등을 경합적으로 섭취하거나 균의 대사산물에 의

하여 다른 균의 생육이 억제되는 현상이 길항이다. 길항 작용의 내용은 매우 복잡하여 특정한 물질, 소위 항생 물질을 분비하여 다른 균의 번식을 억제하거나 사멸시키는 경우도 있으나, 때로는 대사산물의 분비나 축적으로 다른 균의 생육을 억제시키기도 한다. 이 전이는 균이 한번 생육한 배지에는 그 균이 다시 생육하기 힘든 현상인 자가 항생 현상이 나타난다.

자가 항생 현상 예시

- **젖산균(혹은 산 생성균)과 부패균의 길항**: 젖산균은 탄수화물을 발효하여 산을 생성하므로 배지를 산성화하여 부패균의 증식을 저지한다. 이 원리를 이용한 것이 유제품 식품, 침채류(김치류), 청주의 주모 등이다.
- **효모의 길항**: 효모에 의하여 pH가 5.9 이하로 내려가면 일반 세균은 생육할 수 없고 또 발효로 생긴 에틸알코올에 의하여 곰팡이와 세균의 생육도 저하된다. 산막효모는 알코올 발효 중에 혐기성 조건이 되므로 소멸하는 수가 있다.
- **쌀코오지에서 국균과 효모의 영양적 경합과 길항**: 개방적으로 행해지는 제국 중의 혼입잡균인 효모는 제국 중에 증식된다. 그러나 증식은 제국 전반에 한정되고 국균이 왕성하게 증식하면 그 효모의 생육은 저지된다. 이것은 무기염을 국균에 의하여 빼앗기기 때문이다.
- **효모와 젖산균의 경합**: 발효 초기에는 효모균이 앞에서 젖산균의 생육에 필요한 영양 인자를 분비하여 편리 공생을 하지만, 발효 후기에 젖산균이 우세하게 되는 사이 거꾸로 효모의 생균수가 감소된다. 예를 들면 청주 술덧에서 부패성인 젖산균이 많아져 효모가 사멸되고, 균체의 유리 아미노산도 감소되어 에틸알코올 생성이 저하되며, 산의 증가만이 현저히 일어나 이상 부패 현상이 일어난다.

---

5) 발효 미생물의 배지와 배양

(1) 배지(Culture Medium)의 정의

발효 미생물을 배양하기 위해 배양체가 필요로 하는 영양 물질을 주성분으로 하여 고체화시키거나 그 밖의 목적을 위한 물질을 가한 것을 '배지(Culture Medium)'라고 하며 다른 말로 배양기라고도 한다. 발효 미생물은 생존, 발육에 필요한 물을 비롯하여 영양 물질로서 다량 요소, 미량 요소 등을 요구한다. 그중 개체상으로 얻어지는 것을 제외하고는 모두 무기 또는 유기 화합물로서 배양액에서 공급해 주어야 한다. 독립 영양, 종속 영양 등 영양 형식에 따라 필요로 하는 영양원은 여러 가지인데 보통은 탄소원, 질소원, 무기 염류, 발육 인자 등으로 나누어서 생각한다.

특히 발육 인자와 관련하여 생물체 내에서 추출한 비교적 복잡한 조성을 가진 것을 주체로 한 것을 천연 배지라 하며 세균은 육즙, 혈청 등이, 곰팡이는 맥아추출물 등이 흔히 사용된다. 무기 염류, 맥아추출물 등이 아닌 탄소원, 질소원을 가한 조성이 명확한 경우를 합성 배지라 한다. 대량 배양에는 액체 배지가 적절하고 균주의 보존이나 분리에는 한천, 젤라틴 등을 가한 고체 배지를 사용한다. 많은 종류의 세균을 포함하는 재료로부터 목적균을 추출하기 위한 배지를 선택 배지라고 한다. 여기서는 제빵인들이 발효종 배양 시 사용하는 배지의 형태와 배양법만 설명하고자 한다.

(2) 배지의 제조법

발효 미생물의 분리, 배양에는 발효 미생물의 종류 및 사용 목적에 맞는 배지가 필요하다. 발효 미생물은 종류에 따라 영양 요구성이 다르며, 배지에 따라 대상으로 하는 발효 미생물의 생육에 필요한 영양소를 적당량 가지고 있어야 하며, pH와 물리성이 맞아야 하고 산소 농도를 적절하게 조절해야 한다.

발효 미생물 중에는 탄소원으로 탄산가스, 질소원으로 공기 중의 질소를 이용할 수 있는 것도 있으나, 일반적으로 탄소원은 당류, 유기산에서, 질소원은 무기, 유기 질소 화합물을 요구함과 동시에 각종 무기 염류를 필요로 한다. 그 외에 일부 발효 미생물은 비타민이나 미량의 요소를 필요로 한다. 배지의 주요 성분은 다음과 같다.

① **탄소원**: 대부분 포도당과 설탕을 가장 많이 사용한다. 발효 미생물의 종류, 목적에 따라 과당, 맥아당, 유당, 전분 등의 당류와 사과산, 구연산, 주석산 등의 유기산 및 분자량이 작은 지방산 등이 사용된다.

② **질소원**: 질소원은 단백질 합성에 이용된다. 미생물은 암모늄염이나 질산염 등의 무기태 질소를 이용할 수 있으나, 미생물의 종류에 따라 아미노산이나 펩톤(peptone) 등의 유기태 질소를 요구하는 것도 있다.

③ **무기염류**: 무기염은 균체의 구성 성분으로 이용되기도 하고, 배지의 pH, 삼투압의 조절에도 중요한 작용을 한다. 병원균의 배양에 필요한 주요 무기염은 P, Na, K, Mg, S, Fe, Cl이며, Ca, Mn, Zn, Cu 등을 필요로 하는 것도 있다. 그 외의 무기염류는 미량이 요구되는데, 감자, 육즙, 효모 추출물(Yeast extract), 펩톤 등 천연의 배지를 사용하는 경우에는 그 속에 필요한 양이 들어 있어서 별도로 첨가하지 않아도 된다.

④ **생장소**: 대부분의 발효 미생물은 비타민 등 생장소를 합성하지만 일부는 체내에서 합성하지 못해 배지에 미량의 생장소를 첨가해 주어야 한다. 순수한 합성 배지에는 생장소를 첨가하지 않으면 많은 발효 미생물이 생육할 수 없다. 식물즙액, 효모 추출물, 육즙 등에는 이들의 생장소가 함유되어 있으므로 별도로 첨가하지 않아도 된다.

그 밖에 고려해야 할 환경 요인

- **pH 조절**: 미생물의 대사 활동 결과 생기는 배지의 pH 변화는 미생물의 생육에 영향을 준다.
  - 조절 이유: glucose 발효는 유기산 생성으로 pH가 저하되어 생육이 억제된다. sodium succinate oxidation → sodium carbonate로 pH가 상승되어 생육이 저해된다. 단백질과 아미노산은 분해되어 암모니아를 생성해 알칼리성으로 변한다.
  - 인산 buffer: 생리적인 중성 근처로 pH를 6.4~7.2로 유지한다.
  - 불용성 carbonate는 과다한 산을 생성하는 배지에 사용한다.
  - 곰팡이의 경우 pH를 4~6, 세균의 경우 7~8, 효모의 경우 5~7 정도로 해 준다. 목적균에 따라 pH를 조절해 주어야 한다.
- **무기물 침전 방지를 위한 킬레이트제(chelating agent) 투입**: 배지 내 인산과 칼슘, 철을 살균하거나 가열 처리 시에 불용성 복합체를 형성한다. 칼슘과 철을 배지와 따로 살균 냉각한 후 혼합, EDTA 내성검사를 넣어 수용성 복합체를 형성하게 한다.
- **산소 농도 조절**: 호기성균은 액체 배지에서 생육 시 진탕 배양기를 이용하여 에어레이션(aeration)을 해야 한다.
- **빛의 공급**: phototroph 대상으로 형광등, 백열등으로 빛과 온도를 조절해 주어야 한다.

(3) 고체 배지를 이용한 배양법

고체 배양법은 적당한 수분을 가지는 고체 기질의 표면에 미생물을 직접 배양하는 방법이다. 고체 배양은 실험실에서 흔히 한천 고체 배지 등을 사용하지만, 공장에서는 농산물이나 그 폐기물을 이용하므로 이들에서는 미생물 세포 내의 삼투압과 균형이 맞는 조건을 만들기 어려워 모든 미생물이 잘 생육하지 못한다.

그러나 일반적으로 곰팡이는 세포 내 삼투압이 세균에 비해 높으므로 잘 생육할 뿐만 아니라 곰팡이의 포자 형성이 호기성하에서 잘 되므로 고체의 표면 배양이 적합한 면도 있다. 따라서 적합하게 수분을 포함시킨 상태로 농산물 또는 그 폐기물을 발효 원료로 사용한다면 세균 등의 생육을 방지하면서 곰팡이를 우선적으로 생육시킬 수 있고 발효 생산이라든지 균체 단백질을 부가한 사료로 변환 등을 기대할 수 있다. 고체 배지와 공기와의 접촉 형식에 따라 다음 세 가지로 분류할 수 있다.

① **정치 배양**: 배지를 수 cm 이하의 얇은 층으로 하여 배양하고 배지의 온도는 배양실의 실온으로 제어한다. 공기는 자연 환기 또는 표면 강제통풍으로 흘려보낸다.

② **통기 배양**: 퇴적 배양이라고도 한다. 금속망 또는 다공판 위에 배지를 수십 cm의 두께로 퇴적하고 바람을 상향 또는 하향으로 배지층을 관통하여 흘려보낸다. 풍온에 의하여 배지의 온도를 제어한다.

③ **유동층 배양**: 금속망 또는 다공판 위에 분말 상태의 배지를 실어 상향 바람으로 유동층의 상태를 형성시켜 배양한다. 풍온에 의하여 배지의 온도를 제어한다. 층 두께는 수 m까지 가능하다.

(4) 액체 배지를 이용한 배양법

액체 배양법은 균체의 증식이나 생화학적 시험 또는 대사산물을 얻는 데 사용된다. 액체 배지는 고체 배지를 만드는 과정에서 한천만을 제외시켰기 때문에 모든 성분이 고체 배지와 같다. 그러나 배양과정은 큰 차이가 있는데, 그것은 진탕기 위에서 계속 교반을 해 주어야 한다는 점이다. 이렇게 해야 하는 이유는 발효 미생물이 액체 속에 정지된 상태로 있으면 산소 공급이 안 되어 증식 속도가 떨어지게 되므로 공기를 액체 속에 유입시켜서 발효 미생물이 이용하도록 하고, 동시에 여기서 나온 이산화탄소를 용기에서 배출시켜야 하기 때문이다. 용기의 입구는 배지의 오염을 막기 위해서 마개를 하지만 약간의 공기 유통은 가능하므로 이곳을 통해 외부와 가스 교환이 이루어진다. 배지가 계속 움직이므로 정지 상태보다 가스 교환은 더 잘 된다. 일반적으로 세포 배양이나 미세 조직을 집단으로 배양하여 이들로부터 분화를 억제시키려고 할 때 액체 배양법을 이용한다. 액체 배지와 공기의 접촉 형식에 따라 다음의 세 가지로 분류할 수 있다.

① **표면 배양법**: 호기적 정치 배양으로, 용기 내의 배양 액량에 대하여 그 표면적을 크게 하여 기액 계면에서 액측으로 산소 이동을 촉진시켜 산소를 미생물에 공급하는 배양법이다. 액체 표면 배양은 영양 물질이 함유되어 있는 액체를 살균한 후 종균을 접종하여 배양함으로써 액체의 표면에서 균을 번식시키는 방법이다. 균막은 항상 공기와 접촉되어 있고 액체 표면에서 용해한 용존 산소를 미생물이 잘 이용할 수 있으므로, 특별히 산소를 공급할 필요가 없다. 이와 같이 표면 배양은 호기적 발효에 사용되며, 한 가지 유의할 점은 균이 번식할 수 있는 표면이 한정되어 있기 때문에

발효액의 층이 너무 깊지 않도록 해야 한다. 이 방법은 현재 식초 발효나 구연산 발효에 이용되고 있다.

② **심부 배양법**: 표면 배양에서는 공기 쪽에서 배양액 쪽으로 산소 이동이 발효 촉진의 지배 인자가 되는 수가 많다. 그래서 공기를 강제적으로 배양액 중에 공급하고 미립화한 기포를 배양액 중에 체류시키는 방법을 택하면 표면 배양에 비해 배양액에 산소가 용해되는 것을 촉진할 수 있다. 발효조는 종형으로 발효조의 하부에서 통기하여 공급된 공기를 교반날개로 미립화하여 산소 용해를 촉진한다. 이와 같이 발효조 하부에서 통기 교반하는 배양법은 경계 계면보다 자연 확산에 의해 산소를 용해시켜 심부 배양이라고 한다. 공기는 압축기로 발효조 하부에서 공급한다. 발효조의 입구에서 공기 여과기로 공기 중에 존재하는 잡균을 제거하여 무균 공기로 보내고 공급된 공기는 교반기에 의해 미세화한다. 교반은 산소를 용해시키는 것이 주목적으로, 다른 배양액 특히 존재하는 발효 미생물을 발효조 내에 균일하게 분산시키고, 열 이동 촉진, pH 조절을 위해 첨가된 산 또는 알칼리의 균일 분산 등을 위해서도 중요하다.

③ **진탕 배양법**: 이 배양법은 통기 배양법의 일종으로, 왕복진탕기 또는 회전진탕기에 300~500ml 삼각플라스크 또는 둥근 바닥 플라스크(round bottom flask) 등을 고정시켜 배양액을 연속 진탕함으로써 통기와 교반을 효과적으로 할 수 있다. 이들 배양병에는 60~100ml의 배양액을 넣어 배양하며, 잡균의 혼입과 통기를 위해 실리스토퍼를 마개로 사용한다.

6) 유럽식 천연발효종(미생물) 자가배양

(1) Levain의 정의

Levain은 르뱅 혹은 르방으로 발음하며 프랑스어로 '발효종'이라는 뜻이다. '빵 반죽이 부풀다.'라는 뜻을 가진 Lever(르베)의 파생어다. 발효종의 발효란 다양한 발효 미생물이 성장 번식하는 과정에서 만들어낸 대사산물(발효산물)이 축적된 반죽을 가리키며, 종이란 발효의 씨앗으로 다양한 발효 미생물을 가리킨다. 그래서 발효 미생물의 종류에 따라 반죽에 축적된 대사산물이 달라지며 이때 대사산물의 종류와 총량에 따라 빵의 식감, 질감, 향, 맛, 부피, 껍질의 착색 등이 영향을 받는다. 그리고 이 '발효종'을 앞선 반죽(사전 반죽)의 의미로 사용하거나 혹은 다시 앞선 반죽(사전 반죽)으로 만들어 사용하기도 한다.

발효종의 분류 방법에는 여러 기준이 있지만 여기서는 사용하는 종과 앞선 반죽의 형태로 나눈다.

① **르뱅 르부르(Levain levure)**: 공장제 이스트를 사용하여 앞선 반죽을 만든 것으로, 종류에는 비가(Biga), 풀리시(Poolish) 등이 있다.

② **르뱅 나튀렐(Levain naturel)**: 자가배양 발효 미생물을 사용하여 앞선 반죽을 만든 것으로, 종류에는 액종, 원종, 사워종 등이 있다.

③ **르뱅 믹스트(Levain mixte)**: 전날 만든 빵 반죽의 일부분을 남겨 재사용하여 앞선 반죽을 만든 것으로, 종류에는 발효 반죽(醱酵 飯粥), 노면 반죽(老麵 飯粥), 모 반죽(母 飯粥) 등이 있다.

이 책에서 저자는 Levain naturel(르뱅 나튀렐)이라고 하는 사워종을 발효종으로 사용하여 유럽식 천연발효빵을 만들고자 한다.

| Levain naturel(르뱅 나튀렐)의 종류 |

  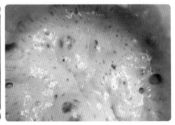

| 액종(일본식) | 원종(일본식) | 사워종(유럽식) |

(2) 유럽식 발효 미생물의 배양 조건

배양 요인	배양 조건
온도	26℃가 적당하며 온도가 높아지면 부패 미생물이 발현될 가능성이 크다. 26℃의 배양 온도를 일정하게 유지하는 것이 아주 중요하다.
수분	밀가루 기준 수분의 양은 52%에서 160%까지 다양하게 설정할 수 있다. 물의 양이 160%쪽으로 가면 갈수록 가스 발생력이 좋은 발효종이 되고, 52%쪽으로 가면 갈수록 발효산물이 많이 축적되는 발효종이 된다.
산소	천연발효 미생물을 배양하는 과정에서는 산소가 많을수록 가스 발생력이 좋은 발효종이 되고, 산소가 적을수록 발효산물이 많이 축적되는 발효종이 된다. 그러나 배양이 완료된 상태인 발효종에서는 산소가 많을수록 신맛이 강하게 나는 원인이 된다.
먹이의 종류	곡류를 제분하는 과정에서 생성된 손상전분이 먹이로 사용되는데, 만약 발효종 배양 시 발효가 되지 않으면 맥아나 꿀을 첨가하는 것이 좋다.
배지의 형태	수분이 적은 고체 배지일수록 신소의 함유량이 낮아져 발효산물이 많이 축적되는 발효종이 되고, 수분이 많은 액체 배지일수록 산소의 함유량이 높아져 가스 발생력이 좋은 발효종이 된다. 단, 천연발효 미생물을 배양하는 과정에서만 해당되는 경우이다.
배양 방법	진탕 배양하면 산소가 많아져 가스 발생력이 좋은 발효종이 되고, 정치 배양하면 산소가 적어져 발효산물이 많이 축적되는 발효종이 된다. 단, 천연발효 미생물을 배양 하는 과정에서만 해당되는 경우이다.

(3) 유럽식 천연발효빵의 신맛에 영향을 미치는 조건

신맛의 요인	유산균의 배양 조건에 따른 특성
곡류의 종류	곡류의 종류에 따라 기생하는 유산균의 비율이 달라 신맛도 다르다. 유산균의 개체수가 많아 신맛이 강한 순서대로 나열하면 호밀, 통밀, 흰 밀가루 순이다.
배지의 형태	수분이 많은 액체 배지보다 수분이 적은 고체 배지일수록 신맛이 강하다.
배양 방법	진탕 배양법보다 정치 배양법이 신맛이 강하다.
배양 온도	곡류에서 부패 미생물의 발현이 억제되고 발효 미생물이 배양되는 온도조건하에서 낮은 온도에서 배양하는 것보다 높은 온도에서 배양하는 것이 신맛이 강하다.
보관 기간	유산균 발효종을 완성한 후 냉장고에서 보관하는 시간이 길어질수록 신맛이 강해진다.

6. 화이트 샤워종 만들기

1. **재료 준비:** 유기농 강력분 8,100g, 물 8,100g, 레몬 주스 6g

2. **인큐베이터(Incubator)의 배양 온도:** 26℃

3. **1차 샤워종 만들기:**

   ① 강력분 100g, 물 100g, 레몬주스 6g을 준비한다.
   ② 26℃의 계량한 물에 레몬주스를 넣어 섞은 후 강력 분에 붓고 고무주걱으로 균일하게 섞는다.
   ③ 1차 샤워종을 인큐베이터(Incubator)에서 24시간 배양한다. 중간에 반드시 한번 섞어 준다.

4. **2차 샤워종 만들기:**

   ① 1차 샤워종 전량, 강력분 200g, 물 200g을 준비한다.
   ② 1차 샤워종에 26℃의 계량한 물을 붓는다.
   ③ ②에 강력분을 넣고 고무주걱으로 균일하게 섞는다.
   ④ 2차 샤워종을 인큐베이터(Incubator)에서 24시간 배양한다. 중간에 반드시 한번 섞어 준다.

5. **3차 샤워종 만들기:**

   ① 2차 샤워종 전량, 강력분 600g, 물 600g을 준비한다.
   ② 2차 샤워종에 26℃의 계량한 물을 붓는다.
   ③ ②에 강력분을 넣고 고무주걱으로 균일하게 섞는다.
   ④ 3차 샤워종을 인큐베이터(Incubator)에서 12시간 배양한다.

6. **4차 샤워종 만들기:**

   ① 3차 샤워종 전량, 강력분 1,800g, 물 1,800g을 준비

한다.
   ② 3차 샤워종에 26℃의 계량한 물을 붓는다.
   ③ 믹싱 볼에 ②와 강력분을 넣고 믹서에 훅(hook)을 장착한 후 고속으로 믹싱하여 균일하게 섞는다.
   ④ 4차 샤워종을 인큐베이터(Incubator)에서 6시간 배양한다.

7. **5차 샤워종 만들기:**

   ① 4차 샤워종 전량, 강력분 5,400g, 물 5,400g을 준비한다.
   ② 4차 샤워종에 26℃의 계량한 물을 붓는다.
   ③ 믹싱 볼에 ②와 강력분을 넣고 믹서에 훅(Hook)을 장착한 후 고속으로 믹싱하여 균일하게 섞는다.
   ④ 5차 샤워종을 인큐베이터(Incubator)에서 3시간 배양한다.

8. **보관과 사용기간:**

   완성된 5차 샤워종에 강력분 810g, 5℃의 물 810g을 넣어 섞은 후 5℃의 냉장고에서 여름에는 3일 정도, 겨울에는 6일 정도의 범위 안에서는 미생물의 개체수와 가스 발생력의 큰 편차 없이 사용이 가능하다.

9. **최종적으로 완성되는 샤워종의 양을 조절하는 방법:**

   샤워종의 계대배양패턴(샤워종 100: 강력분 50: 물 50)을 이해하고 필요로 하는 샤워종의 양에 맞추어 계대배양패턴에 대입한다.

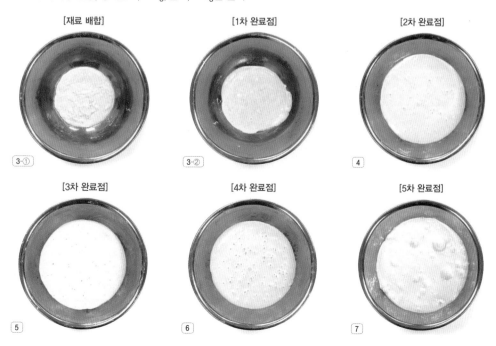

[재료 배합] 3-①
[1차 완료점] 3-②
[2차 완료점] 4
[3차 완료점] 5
[4차 완료점] 6
[5차 완료점] 7

제2부

천연발효빵
실전 레시피

오레오 깜빠뉴

코코아 분말을 넣고 1시간 정도 미리 수율이 58%인 된 오토리즈 (Autolyse) 반죽을 만들어 사용하면 본 반죽 시 코코아분말을 균일하게 혼합하는 시간을 단축할 수 있다. 또한 사전 반죽인 오토리즈는 본 반죽 을 부드럽게 하여 굽기 시 오븐 팽창을 향상시킨다. 묽은 화이트 사워종 을 발효종으로 사용하므로 신맛을 부드럽게 했다. 그럼에도 불구하고 사워종으로 인해 느낄 수 있는 산미를 롤치즈의 고소함과 초코칩의 달 콤함과 쌉쌀함으로 감추고 왜곡시켰다. 빵의 신맛에 익숙하지 않은 어 린이를 대상으로 판매한다면 매우 효과적인 제품이라고 생각한다.

재료

오토리즈 반죽

강력분	900g
코코아 분말	100g
물	580g

본 반죽

사워종	700g
소금	18g
물	100g
롤치즈	200g
초코칩	200g

390g / 7개 분량

주요 공정

믹싱
- 오토리즈 반죽: 저속 2분 믹싱 후 1시간 휴지
- 종 반죽: 사워종 준비
- 본 반죽: 오토리즈 반죽, 종 반죽과 본 반죽 재료를 넣은 후 믹싱
  → 최종 단계(반죽 온도 25℃)에서 부재료 투입
※ 1시간 실온 발효 후 펀치를 주고 30분 휴지

1차 발효
5℃, 24시간

분할
실온에서 1시간 후 390g씩 분할, 둥글리기
(반죽 온도를 15~16℃로 유지하기)

중간 발효
20분

성형 및 팬닝
바게트 모양으로 성형 후 실리콘 페이퍼 위에서 말굽 모양잡기

2차 발효
27~30℃, 75%, 60~90분

굽기
250℃/230℃ 예열 후 반죽을 넣고 스팀 후 230℃/210℃, 25분

01
1시간 휴지 후 오토리즈 반죽의 완료점을 확인한다.

02
최종 단계에서 반죽에 롤치즈와 초코칩을 감싼 후 믹싱하여 섞는다.

03
1시간 휴지 후 펀치(가스 빼기) ❶

04
1시간 휴지 후 펀치(가스 빼기) ❷

05
1시간 휴지 후 펀치(가스 빼기) ❸

06
1시간 휴지 후 펀치(가스 빼기) ❹

CHEF's TIP

1차 발효 도중에 부풀어 오른 반죽의 가스를 빼는 '펀치'를 하는 이유는 다음과 같다.

① 반죽의 내부와 외부 온도차를 균일하게 한다.
② 산소 공급으로 이스트의 활동에 활력을 주고 반죽의 산화와 숙성을 촉진한다.
③ 휴지로 탄력성이 약해진 반죽에 글루텐을 형성하고 탄력성을 부여한다.

분할 및 중간 발효 후 성형_접기

분할 및 중간 발효 후 성형_말기

성형 후 쿠프(칼집)를 한다.

실리콘 페이퍼 위에 말굽 형태로 모양을 잡는다.

27~30℃, 75%에서 60~90분간 2차 발효를 진행한다.

굽기 전 반죽 위에 밀가루를 뿌려준다.

CHEF's TIP

제빵개량제가 들어가는 반죽은 ADA(아조디카본아미드), 브롬산칼륨, 비타민C 등의 산화제에 의해 탄력성이 강하다. 그러나 이런 산화제 성분이 들어가지 않는 천연발효빵은 반죽의 탄력성이 약하다. 이로 인하여 모양을 만든 반죽이 퍼질 수 있으므로 성형 시 반죽의 접기는 반죽의 탄력성을 일정 부분 보완하는 역할을 한다.

크랜베리 깜빠뉴

묽은 화이트 사워종을 밀가루의 양과 동일하게 한 발효종을 앞선 반죽으로 본 반죽 제조에 사용하였다. 그래서 30분 정도의 짧은 1차 발효 시간 설정이 가능하다. 2차 발효는 성형을 한 반죽을 5℃ 냉장고에서 24시간 한다. 필요한 시간에 꺼내어 실온화한 후 구울 수 있어 생산성이 좋다. 사워종에 의해 발생하는 건강한 산미를 크랜베리의 신맛으로 왜곡시키고 치즈의 기름진 고소함으로 감추어서 상쇄시킨다. 롤치즈, 체다치즈와 크랜베리가 듬뿍 들어가 바쁜 아침 간편하게 먹을 수 있는 식사 대용으로도 추천한다.

재료

프랑스 밀가루(T65)	700g
전립분	300g
소금	18g
분유	30g
사워종	1000g
물	550g
크랜베리	350g
롤치즈	150g
체다치즈	150g

750g / 4개 분량

주요 공정

믹싱
- 종 반죽: 사워종 준비
- 본 반죽: 종 반죽과 본 반죽 재료를 넣고 믹싱 → 최종 단계 직후 (반죽 온도 25℃)에서 부재료 투입
※ 1시간 실온 발효 후 펀치를 주고 30분 휴지

1차 발효
5℃, 24시간

분할
실온에서 1시간 후 750g씩 분할, 둥글리기 (반죽 온도를 15~16℃로 유지하기)

중간 발효
15분

성형 및 팬닝
원형으로 접어 바네통(Banneton)에 넣기

2차 발효
27~30℃, 75%, 60~90분

굽기
- 굽기 전: 실리콘 페이퍼 위에 올리고 쿠프하기
- 굽기: 250℃/230℃ 예열 후 반죽을 넣고 스팀 후 230℃/200℃, 35분

01 순서에 따라 재료를 투입 후 반죽을 만든다.

02 최종 단계 직후에 부재료를 투입하여 균일하게 섞는다.

03 부재료의 파손을 막기 위해 저속 믹싱한다.

04 믹싱 완료 후 반죽의 온도를 체크한다.

05 실온에서 1시간 발효 후 가볍게 펀치를 한다.

06 가볍게 타원형으로 둥글려 펀치한 후 30분간 휴지한다.

CHEF's TIP

① 재료를 믹싱 볼에 투입하는 순서: 먼저 가루 재료를 넣고 그 위에 발효종을 붓고 지속적으로 믹싱하면
서 액체 재료를 조금씩 투입한다. 유지는 클린업 단계 직후에 넣는다.

② 부재료를 섞는 방법: 믹싱이 완료된 반죽을 작업대 위에 펼쳐 놓고 사전에 전처리한 부재료를 그 위에
얹고 반죽을 접어 믹싱 볼에 재투입한 후 저속으로 균일하게 섞는다. 이렇게 하면 부재료의 파손이 적
고 믹싱 시간이 줄어 반죽의 온도 상승을 억제할 수 있다.

07 5℃ 냉장에서 24시간 동안 1차 발효한다.

08 가스 손실을 최소화하며 둥글리기한다.

09 바네통에 담은 후 면포를 덮어 수분 손실을 최소화한다.

10 2차 발효의 완료 상태를 확인한다.

11 십자 모양으로 쿠프를 한다.

12 굽기 완료 상태를 확인한다.

CHEF's TIP

① 천연 발효 반죽을 분할한 후 둥글리기할 때는 많은 양의 공장제 효모와 발효촉진제가 함유된 제빵개량제가 들어가 발효력이 강한 고온 발효빵과는 다르게 가스 빼기를 최소화하면서 가볍게 말아준다. 이렇게 둥글리기를 하면 발효력이 떨어지는 천연 발효 반죽의 중간 발효 시간을 단축시킬 수 있다.

② 크랜베리 깜빠뉴의 2차 발효 완료 상태는 바네통의 반죽을 실리콘 페이퍼에 엎었을 때 약간 처진 상태이다.

호두 깜빠뉴

발효종으로 묽은 화이트 사워종을 곡류 기준 80% 정도 사용하여 앞선 반죽을 만들고 본 반죽을 제조한다. 본 반죽을 26℃에서 1시간 정도 1차 발효시킨 후 펀치를 하고 다시 30분 정도 발효시킨 다음 5℃에서 24시간 저온 발효하는 패턴으로 발효 공정을 진행한다. 이러한 셰프의 발효 공정 관리법을 통해 오랜 기간 소비자와 대면 판매(Person-to-person Sales)하는 과정에서 파악한 한국인이 좋아하는 신맛의 정도를 표현한다. 또한 제품의 품질(디자인), 생산성에 지대한 영향을 미치는 정형 공정과 익힘 공정의 효율적 관리법을 제시한다.

재료

프랑스 밀가루(T65)	700g
호밀가루	200g
전립분	100g
소금	20g
사워종	800g
물	550g
호두분태	300g

호두 전처리

호두분태	1000g
설탕	300g
물	1000g

450g / 6개 분량

주요 공정

믹싱
- 종 반죽: 사워종 준비
- 본 반죽: 종 반죽과 본 반죽 재료를 넣고 믹싱
  → 최종 단계(반죽 온도 25℃) 직후에서 부재료 투입
※ 1시간 실온 발효 후 펀치를 주고 30분 휴지

1차 발효
5℃, 24시간

분할
실온에서 1시간 후 450g씩 분할, 둥글리기
(반죽 온도를 15~16℃로 유지하기)

중간 발효
15분

성형 및 팬닝
타원형으로 접어 바네통(Banneton)에 넣기

2차 발효
27~30℃, 75%, 60~90분

굽기
- 굽기 전: 실리콘 페이퍼 위에 올리고 쿠프
- 굽기: 250℃/230℃ 예열 후 반죽을 넣고 스팀 후 230℃/210℃에서, 25분

호두를 깨끗한 물에 씻은 후 물기를 제거해 준다

팬에 골고루 편다.

컨벡션 오븐에서 약한 갈색이 날 정도로 굽는다.

통으로 옮긴 뒤 보관한다.

믹싱 시 가루가 섞인 후 물을 넣어 되기를 조절한다.

1차 펀치 후 24시간 냉장 발효한다.

CHEF's TIP

호두에 당의를 입혀 반죽에 넣으면 신맛을 새콤하면서 달콤하게 느끼게 하여 천연발효빵의 기호성을 높일 수 있다.

• 호두 전처리 방법
① 물과 설탕을 팔팔 끓인 후 물에 씻어 물기를 제거한 호두를 넣어 준다.
② 호두를 넣고 다시 끓어오르면 채에 받쳐서 설탕 시럽을 제거해 준다.
③ 평철판에 호두를 고르게 편 후 컨벡션 오븐에서 약한 갈색이 날 정도로 구운 후 사용한다.

07 실온 1시간 후 분할을 진행한다.

08 분할 중간 발효 후 성형_접기

09 분할 중간 발효 후 성형_말기

10 면포를 덮어 수분 손실을 최소화하고 2차 발효한다.

11 굽기 전에 쿠프를 한다.

12 굽기 과정을 확인한다.

CHEF's TIP

① 바네통에서 2차 발효 완료 후 실리콘 페이퍼 위에 천연 발효 반죽을 얹었을 때 반죽이 약간 퍼지는 것이 좋다. 2차 발효의 완료 상태를 표현하는 사진들이 많이 있으므로 이 포인트를 보면 발효 완료점을 찾는 데 많은 도움이 되리라 생각한다.

② 쿠프(칼집내기)의 깊이는 반죽의 크기(750g)가 크면 1cm 정도까지 깊게 해도 좋으나 크기(450g)가 작으면 0.5cm의 깊이까지만 하는 것이 좋다.

펌프킨 깜빠뉴

단호박은 베타카로틴, 알파카로틴, 칼륨, 식이섬유 등을 많이 함유하고 있다. 이러한 성분들은 활성 산소를 제거하여 항산화 작용을 하고, 면역력을 높여 항암 효과를 가지며, 변비와 다이어트에도 효과가 있다. 또한 단맛을 더하는 무화과를 넣어 유럽식 천연발효빵 특유의 신맛을 새콤달콤하게 만들고 크림치즈를 넣어 부드럽고 고소한 맛을 더했다. 묽은 화이트 사워종을 발효종으로 앞선 반죽하여 본 반죽 제조에 사용하였다. 26℃에서 1시간 동안 1차 발효한 후 펀치하고 다시 30분 정도 발효한 다음 5℃에서 24시간 냉장 발효하는 패턴으로 진행하였다.

재료

강력분	700g
크라프트콘	300g
소금	10g
꿀	20g
사워종	800g
물	500g
호두분태	100g
크랜베리	150g
건포도	100g

단호박 전처리

물	1000g
설탕	500g
단호박	1900g

무화과 전처리

무화과	700g
레드와인	1000g
설탕	250g

마무리

크림치즈	560g

350g / 7개 분량

주요 공정

믹싱
- 종 반죽: 사워종 준비
- 본 반죽: 종 반죽과 본 반죽 재료를 넣고 믹싱
  → 최종 단계(반죽 온도 26℃) 직후에 부재료 투입
※ 1시간 실온 발효 후 펀치를 주고 30분 휴지

1차 발효
5℃, 24시간

분할
실온에서 1시간 후 350g씩 분할, 둥글리기
(반죽 온도를 15~16℃로 유지하기)

중간 발효
15분

성형 및 팬닝
① 반죽을 밀어 펴서 크림치즈를 발라준 후 단호박 5개, 무화과 5개씩 얹어서 타원형으로 성형한다.
② 일자로 칼집을 낸 후 2차 발효한다.

2차 발효
27~30℃, 75%, 60~90분

굽기
- 굽기 전: 단호박 3개, 무화과 3개씩 올려 토핑
- 굽기: 250℃/230℃ 예열 후 반죽을 넣고 스팀 후 230℃/210℃, 25분

01 단호박을 깍둑썰기한다.

02 끓는 물에 단호박을 익힌다.

03 체에 받쳐 물기를 제거한다.

04 레드와인, 설탕, 무화과를 섞는다.

05 4를 끓여서 졸인다.

06 졸여진 무화과를 식힌다.

CHEF's TIP

지역, 연령 등에 따라 기호도가 다르겠지만, 사워종 특유의 신맛에 거부감을 느낄 수 있는 고객을 대상으로 위와 같은 전처리 방법을 제시한다. 만약 위의 레시피(recipe)에서 단맛을 줄이고자 한다면, 설탕을 줄이거나 빼면 된다. 만약 설탕을 줄여서 무화과의 씹는 질감이 너무 무르게 느껴지면 무화과를 와인에 절이는 방법도 있다. 무화과 700g에 레드와인 300g을 넣고 실온에 1일, 냉장고에서 3일 정도 보관한 후 사용하면 씹는 질감을 보완할 수 있다.

07 반죽 온도를 15~16℃로 유지한 후 분할한다.

08 반죽을 밀어 펴기 한 후 크림치즈를 50g씩 펴 발라 준다.

09 크림치즈 위에 단호박을 5개씩 놓는다.

10 무화과를 5개씩 단호박 사이사이에 놓는다.

11 타원형으로 말아 준 뒤 칼집을 넣고 벌려 준다.

12 굽기는 250℃/230℃로 예열하고 스팀 후 230℃/210℃, 25분

CHEF's TIP

저온(5℃) 발효하는 천연 발효 반죽은 고온(25~32℃)에서 정형 공정이나 익힘 공정을 진행할 때 반드시 반죽의 내부 온도를 15~16℃까지 유지한 후 다음 작업 공정을 진행해야 한다. 만약 천연 발효 반죽의 온도를 차갑게 유지하면서 작업을 진행하면 반죽에서 발효의 편차가 발생하여 완제품의 부피, 질감, 기공, 조직, 껍질의 착색 등 다양한 문제를 일으킨다.

미엘 르방 깜빠뉴

80% 정도(곡류 기준)의 묽은 화이트 사워종에 미엘(꿀)을 넣어 5℃ 냉장고에서 24시간 숙성시키면 더 많은 유기산과 깊이 있는 방향 물질이 생성된다. 이렇게 발효 온도와 당의 형태를 변화시키면 신맛이 강하며 풍미가 깊은 효과를 얻는다. 꿀의 칼륨은 체내에 쌓인 나트륨을 배출시켜 고혈압과 그로 인한 합병증을 예방하고, 칼슘의 배출을 막아 골다공증도 예방한다. 또한 칼륨은 체내의 수분을 균형 있게 잡아주고 알칼리 수치를 조절한다. 근육에서는 에너지 생성을 돕고, 심근 등의 근육수축을 활발하게 한다. 그리고 신장에 쌓인 노폐물을 배출시키는 등의 영양학적 효과를 얻는다.

재료

미엘 르방

사워종	700g
미엘	100g

본반죽

프랑스 밀가루(T65)	700g
호밀가루	300g
소금	20g
미엘	20g
미엘 르방	800g
물	520g

380g / 6개 분량

주요 공정

믹싱
- 미엘 르방: 사워종과 미엘(꿀)을 섞어 5℃에서 24시간 숙성
- 본 반죽: 최종 단계, 반죽 온도 26℃
  → 미엘 르방과 본 반죽 재료를 넣은 후 믹싱
※ 1시간 실온 발효 후 펀치를 주고 30분 휴지

1차 발효
5℃, 24시간

분할
실온에서 1시간 후 380g씩 분할, 둥글리기
(반죽 온도를 15~16℃로 유지하기)

중간 발효
15분

성형 및 팬닝
가볍게 재둥글리기

2차 발효
27~30℃, 75%, 60~90분

굽기
250℃/230℃ 예열 후 반죽을 넣고 스팀 후 230℃/210℃, 25분

사워종 700g, 미엘(꿀) 100g을 계량한다.

주걱으로 가볍게 섞는다.

실온에서 30분 휴지 후 냉장 발효를 진행한다.

숙성 전 미엘 르방(좌), 일반 사워종(우)을 비교한다.

숙성 후 미엘 르방(좌), 일반 사워종(우)을 비교한다.

숙성된 미엘 르방의 내부 기공을 확인한다.

CHEF's TIP

천연발효빵에 나타나는 신맛은 그 형태와 강도로 이해해야 한다. 신맛의 형태에 영향을 주는 유기산에는 젖산, 구연산, 호박산, 주석산, 초산 등이 있으며, 신맛의 강도를 결정하는 당의 함량은 추가되는 식재료의 종류와 양에 따라 결정된다. 이 제품에서는 꿀을 사용하여 표현했으며, 이를 셰프는 미엘 르방이라고 칭한다. 이렇게 발효종과 앞선 반죽에 변화를 주었지만, 본반죽 제조 과정에서는 셰프만의 천연 발효 제품을 제조하는 패턴을 유지하고 있다.

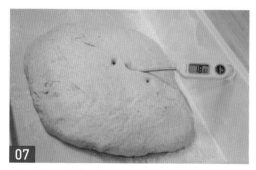

07 1차 발효 후 분할 전 반죽 온도를 측정하여 확인한다.

08 380g씩 분할 후 가볍게 접어서 중간 발효를 진행한다.

09 가볍게 말아서 성형한다.

10 면포를 덮어 수분 손실을 최소화하면서 2차 발효를 진행한다.

11 비스듬하게 쿠프(칼집)를 넣는다.

12 굽기 완료 상태를 확인한다.

CHEF's TIP

저온(5℃) 발효하는 천연 발효 반죽은 고온(25~32℃)에서 정형 공정이나 익힘 공정을 진행할 때 반드시 반죽의 내부 온도를 최소 15~16℃부터 최대 17~18℃까지 유지한 후 다음 작업 공정을 진행해야 한다. 계절적 요소를 고려하여 가능한 작업장 온도의 편차를 줄이려는 노력은 제품의 상태를 일정하게 관리하는 데 매우 중요한 요소가 된다.

천연 발효 깜빠뉴

22%의 사워종과 몰트 엑기스를 넣고 수율이 57%인 된 오토리즈 반죽을 만들어 2시간 정도 발효하여 사용한다. 본 반죽에 쓰는 사워종의 총량을 81% 정도 사용하여 반죽을 부드럽게 하며 굽기 시 오븐 팽창을 향상시킨다. 성형한 반죽을 5℃의 냉장고에서 24시간 2차 발효한 후 필요한 시간에 꺼내 실온화한 후 사용하므로 생산성이 좋다. 이 제품에서는 유럽식 천연발효빵 특유의 신맛을 우리 입맛에 맞게 드러날 수 있도록 하였다. 신맛의 다양한 형태 중 우리에게 익숙한 신맛인 유산(젖산)은 저온 발효를 진행할 때 많이 생성된다.

재료

오토리즈 반죽

강력분	800g
프랑스 밀가루(T65)	550g
사워종	300g
몰트 엑기스	4g
물	700g

본반죽

소금	20g
사워종	800g
물	60g

750g / 4개 분량

주요 공정

믹싱
- 오토리즈 반죽: 저속 2분 믹싱 후 2시간 휴지
- 종 반죽: 사워종 준비
- 본 반죽: 최종 단계, 반죽 온도 26℃
  오토리즈 반죽, 종 반죽과 본 반죽 재료를 넣은 후 믹싱
※ 1시간 실온 발효 후 펀치를 주고 30분 동안 휴지한 다음 2차 펀치를 주고 다시 30분 휴지

분할
750g씩 분할한 후 둥글리기

중간 발효
20분

성형 및 팬닝
① 가볍게 다시 둥글려 말고 이음매는 봉한다.
② 바네통(Banneton)에 밀가루를 뿌린 후 반죽을 넣고, 랩으로 싸 준다.

2차 발효
5℃, 24시간

굽기
- 굽기 전: 실온에서 1시간 후 실리콘 페이퍼 위에 올리고 칼집 내기
- 굽기: 250℃/230℃ 예열된 오븐에 스팀 후 230℃/210℃, 35분

01

2시간 휴지 후 오토리즈 반죽을 확인한다.

02

1차 펀치 후 반죽의 상태를 확인한다.

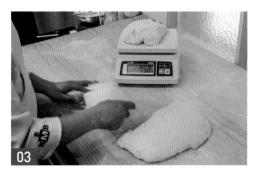

03

2차 펀치 후 분할을 진행한다.

04

바네통에 넣은 후 랩으로 봉하여 수분 손실을 최소화한다.

05

5℃ 냉장에서 24시간 동안 2차 발효한다.

06

2차 발효 후 반죽의 상태를 확인한다.

CHEF's TIP

오토리즈 반죽이란 곡류에 함유되어 있는 효소에 온도와 수분으로 활성을 유도하여 곡류를 분해시키는 것을 가리킨다. 그러나 셰프는 이 장에서 사용하는 오토리즈 반죽을 만들 때 사워종에 함유된 유산균이 분비한 효소와 대사산물, 몰트 엑기스에 함유된 아밀라아제와 프로테아제를 추가하여 기존의 오토리즈 반죽보다 훨씬 더 곡류를 숙성시킨 후 본 반죽에 사용하고 있다.

07 실온에서 1시간 후 칼집을 낸다.

08 250℃/230℃ 예열된 오븐에서 굽는다.

09 굽기 5분 후 칼집의 벌어진 상태를 확인한다.

10 굽기 20분 후 칼집의 벌어짐 상태를 확인한다.

11 바닥면을 두드려 완성 단계를 확인한다.

12 타공판에 옮겨서 식힌 후 진열한다.

CHEF's TIP

반죽의 분할 중량이 커서 굽기 후 완제품이 큰 것은 굽기 완료점을 확인하기 매우 난감하다. 이렇게 큰 제품의 굽기 완료점을 확인하는 방법 중에는 빵의 바닥면을 두드려 소리를 듣는 방법이 있다. 두드릴 때 나는 소리는 빵 껍질의 두께와 빵 내부의 수분 함유량에 따라 달라지므로 내가 원하는 빵의 껍질과 수분 함유량을 확인하는 것이 좋다.

제2부. 천연발효빵 실전 레시피

홍국쌀 깜빠뉴

홍국쌀은 일반 쌀을 모나스쿠스(monascus)라고 불리는 곰팡이균을 이용하여 15~30일 동안 발효시켜 만든 진한 분홍색 쌀이다. 발효 과정에서 분비되는 진한 분홍색 물질을 '모나콜린 케이(monacolin-K)'라고 하는데 콜레스테롤과 중성 지방을 분해하는 효능이 입증되어 홍국쌀은 건강기능성 식품첨가물로 식품의약품안전처장이 인가하였다. 곰팡이균으로 발효시킨 홍국쌀은 별다른 맛은 없지만 현대인의 심혈관계 질환 개선에 효과가 있고 천연발효빵의 유산균이 만드는 다양한 유기산과 상승의 효과를 내는 건강기능성 식품첨가물이다.

재료

강력쌀가루	1000g
홍국쌀가루	50g
소금	18g
사워종	800g
물	650g
크랜베리	230g
오렌지필	100g

470g / 6개 분량

주요 공정

믹싱
- 종 반죽: 사워종 준비
- 본 반죽: 최종 단계, 반죽 온도 26℃
  종 반죽, 본 반죽 재료를 넣고 믹싱 → 최종 단계 직후에 부재료 투입
  ※ 1시간 실온 발효 후 펀치를 주고 30분 휴지

1차 발효
5℃, 24시간

분할
실온에서 1시간 후 470g씩 분할, 둥글리기
(반죽 온도를 15~16℃로 유지하기)

중간 발효
15분

성형 및 팬닝
원기둥 모양으로 말아준 후 분무하고 오트밀 위에서
굴려 묻힌 다음 틀에 올리기

2차 발효
27~30℃, 75%, 60~90분

굽기
250℃/230℃ 예열 후 반죽을 넣고 스팀 후 230℃/210℃, 25분

Baking Point

01 종반죽과 본반죽 재료를 넣고 믹싱한다.

02 최종 단계 직후에 부재료를 투입하여 저속으로 균일하게 섞는다.

03 펀치_3절 접기

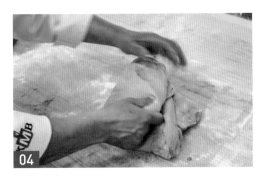

04 펀치_말기

05 1차 발효하기 전 반죽 상태를 확인한다.

06 분할 후 가볍게 둥글린다.

CHEF's TIP

반죽의 목적을 생각하면서 믹싱 조작을 최적화해야 한다.

① 수용성 재료는 용해시키고 불용성 재료는 부유시켜 균일하게 혼합한다.

② 밀가루 성분 중에 수분을 흡수하는 전분, 손상전분, 단백질, 펜토산을 수화한다.

③ 단백질을 엉기게 하여 글루텐을 생성 및 발전한다.

④ 반죽에 산소를 혼입하여 발효력과 반죽의 산화를 촉진한다.

07 타원 모양으로 말아 준다.

08 성형한 반죽 위에 분무한다.

09 오트밀 위에 반죽을 둥글린다.

10 틀 위에 올려 2차 발효한다.

11 굽기 완료 후 타공판에 옮긴다.

12 굽기 완료 후 빵의 내상을 확인한다.

CHEF's TIP

귀리(오트밀)는 껍질이 단단하고 질기며 잘 벗겨지지 않아 옛날의 제분 기술로는 섬유질이 많이 남게 가
공할 수밖에 없었고, 식감과 맛이 떨어지고 소화도 제대로 되지 않았다. 그래서 귀리를 가축의 사료로 쓰는
것이 일반적이었으며 오트밀을 먹던 사람들은 대부분 가난한 사람들이었다. 유럽의 스코틀랜드에서부터
이 오트밀을 먹어 왔는데, 그 당시 잉글랜드에서는 말이 먹었다는 기록이 있다.

빵콩플레

콩플레는 통밀가루(전립분)를 의미한다. 통밀은 흰 밀가루와 비교했을 때 약 6배의 식이섬유가 함유되어 있어 장운동을 활발하게 하고 배변 활동에 도움을 주어 다이어트에 효과적이다. 또한 통밀의 폴리페놀 성분은 항산화 작용을 통해 체내 활성 산소 제거를 활발하게 만들어 노화 방지에 도움을 준다. 통밀은 혈당 상승을 억제하고 면역력을 높여줌으로써 심장 질환을 예방하는 효과가 있다. 통밀은 대부분의 영양소가 모두 갖추어진 곡물로 특히 비타민과 무기질, 칼륨이 풍부하다. 통밀의 이러한 건강 기능성은 천연발효빵에 적합한 재료임을 증명한다.

재료

프랑스 밀가루(T65)	500g
전립분	500g
소금	18g
사워종	1000g
분유	10g
물	500g

750g / 3개 분량

주요 공정

믹싱
- 종 반죽: 사워종 준비
- 본 반죽: 최종 단계, 반죽 온도 26℃
  종 반죽, 본 반죽 재료를 넣고 믹싱
※ 1시간 실온 발효 후 펀치를 주고 30분 휴지

1차 발효
5℃, 24시간

분할
실온에서 1시간 후 750g씩 분할, 둥글리기
(반죽 온도를 15~16℃로 유지하기)

중간 발효
15분

성형 및 팬닝
원형으로 가볍게 접어 가며 둥글린 후 바네통(Banneton)에 넣기

2차 발효
27~30℃, 75%, 60~90분

굽기
- 굽기 전: 실리콘 페이퍼 위에 올려 쿠프하기
- 굽기: 250℃/230℃ 예열 후 반죽을 넣고 스팀 후 230℃/210℃, 30분

01
가루 재료와 사워종을 넣고 믹싱한다.

02
물은 한 번에 넣지 않고 나누어 넣는다.

03
믹싱 완료 후 가볍게 접어서 1시간 실온 발효한다.

04
1시간 실온 발효 후 펀치를 주고 30분간 휴지한다.

05
1차 발효한 반죽은 실온에 꺼내어 두고, 바네통을 준비한다.

06
반죽을 가볍게 둥글린 후 이음매 부분을 봉한다.

CHEF's TIP

만들고자 하는 천연발효빵의 특징과 특성을 고려하여 반죽의 되기를 정하고 흡수율을 산출한 후 물을 정확하게 계량하여 믹싱할지라도 여러 변수에 의하여 반죽의 되기는 편차가 발생한다. 그래서 반죽에 물을 넣을 때는 한 번에 넣지 않고 반죽의 되기를 확인하면서 나누어 넣는다.

07 실리콘 페이퍼 위에 바네통을 뒤집어 반죽을 뺀다.

08 *모양으로 칼집을 낸다.

09 오븐에 들어가고 약 10분 뒤 굽기 상태를 확인한다.

10 오븐에 들어가고 약 25분 뒤 굽기 상태를 확인한다.

11 빵의 색과 밑면 등을 확인한다.

12 굽기가 완료된 빵은 타공판에 옮겨 식힌다.

CHEF's TIP

굽기 시 빵의 상태를 확인하는 기준에는 오븐 팽창 정도, 윗면의 착색 정도와 착색하는 데 걸리는 시간, 밑면의 착색 정도, 윗면과 밑면의 모서리가 예리한 정도 등이다. 여러 가지 변수에 의하여 구체적인 오븐 팽창 정도, 착색의 정도, 착색에 소요되는 시간, 모서리의 예리함 등이 다를 수 있으므로 항상 관심을 갖고 관찰하는 것이 중요하다.

100% 통밀빵

33%의 사워종과 몰트 엑기스를 넣고 수율이 64%인 된 오토리즈 반죽을 만들어 2시간 정도 발효한 후 사용한다. 본 반죽에 사용하는 사워종의 총량은 91%로 하고 1차 발효 시간을 1시간 30분 정도 진행하는 방법을 선택하였다. 성형 후 5℃의 냉장고에서 24시간 동안 2차 발효한 반죽은 필요할 때 실온화하여 구울 수 있어 생산성이 좋다. 이 제품에서는 유럽식 천연발효빵의 신맛을 감추지 않고 잘 드러날 수 있도록 했다. 신맛에는 다양한 형태가 있으며 가장 감칠맛 나는 신맛인 유산(젖산)은 저온발효를 진행할 때 많이 생성된다.

재료

오토리즈 반죽

전립분	1200g
사워종	400g
몰트 엑기스	4g
물	700g

본 반죽

소금	20g
사워종	700g
물	60g

750g / 4개 분량

주요 공정

믹싱
- 오토리즈 반죽: 저속 2분 믹싱 후 2시간 휴지
- 종 반죽: 사워종 준비
- 본 반죽: 최종 단계, 반죽 온도 26℃
  오토리즈 반죽, 종 반죽과 본 반죽 재료를 넣은 후 믹싱
※ 1시간 실온 발효 후 펀치를 주고 30분 휴지

1차 발효
5℃, 24시간

분할
750g씩 분할한 후 둥글리기

중간 발효
20분

성형 및 팬닝
① 가볍게 다시 둥글려 말고 이음매는 봉한다.
② 바네통에 밀가루를 뿌린 후 반죽을 넣고, 랩으로 싼다.

2차 발효
5℃, 24시간

굽기
- 굽기 전: 실온에서 1시간 후 실리콘 페이퍼 위에 올리고 칼집내기
  (반죽 온도를 15~16℃로 유지하기)
- 굽기: 250℃/230℃ 예열된 오븐에 스팀 후 230℃/210℃, 35분

Baking Point

01 오토리즈 반죽, 종 반죽과 본 반죽 재료 투입 후 믹싱한다.

02 믹싱 완료 후 반죽의 되기를 확인한다.

03 1시간 실온 발효 후 펀치를 준다.

04 바네통에 밀가루를 골고루 뿌린다.

05 가볍게 말아 주며 둥글린다.

06 반죽 밑 부분의 이음매를 봉한다.

CHEF's TIP

반죽의 되기에 따라 팬닝법을 선택하는 방법은 다음과 같다.

① 밀가루 기준 수분의 양이 65% 전후인 경우, 면포에 주름을 넣어 팬닝한다.

② 밀가루 기준 수분의 양이 75% 전후인 경우, 바네통에 넣어 팬닝한다.

③ 밀가루 기준 수분의 양이 85% 전후인 경우, 면포가 붙어 있는 바네통에 넣어 팬닝한다.

④ 밀가루 기준 수분의 양이 90% 이상인 경우, 틀(tin)에 넣어 팬닝한다.

07

바네통에 담은 후 수분 손실을 최소화하기 위해 래핑한다.

08

5℃ 냉장에서 24시간 동안 2차 발효한다.

09

실리콘 페이퍼에 반죽을 빼내어 실온에서 1시간 정도 휴지한다.

10

모양을 낸 종이를 반죽 위에 얹고 초코 가루를 뿌린다.

11

밑면을 두드려 보며 굽기 상태를 확인한다.

12

굽기 완료 후 타공판에 옮겨 식힌다.

CHEF's TIP

바네통(banneton)은 틀에 박힌 모양의 빵 덩어리를 만드는 데 쓰이는 일종의 바구니이다. 또한 'brotform' 또는 'proofing baskets'으로도 알려져 있다. 매우 부드럽거나 수분이 많은 반죽의 모양을 만들고 껍질에서 수분을 닦는 데 사용된다. 바네통에 넣는 빵은 일반적인 tin bread와는 다르게 빵을 굽기 전에 이 바네통으로부터 분리한다. 바네통은 등나무, 대나무, 스프루스 펄프, 테라코타, 폴리프로필렌 등으로 만든다.

통밀 류스틱

몰트(Malt)는 엿기름(맥아)을 의미한다. 보리, 밀 등에 물을 부어 싹이 나게 한 다음에 말린 것을 몰트라고 하고 여기에 따뜻한 물을 부어 아밀라아제와 프로테아제 등의 효소를 다량으로 용출시킨 후 졸인 것이 몰트엑기스이다. 몰트는 함유하고 있는 효소 아밀라아제에 의해 맥아당을 생성시키는 역할을 하며, 그 결과 반죽에 설탕을 대신하는 맥아당을 공급하여 빵의 부피를 더 커지게 하고 규칙적인 기포를 형성하게 한다. 빵의 껍질 색을 더 진하게 하므로 그로 인한 열반응의 산물과 맥아당의 감미가 빵에서 고소함과 은은한 단맛을 느끼게 하고 풍미를 더 강하게 한다.

재료

강력분	700g
전립분	300g
소금	20g
사워종	800g
몰트 엑기스	5g
물	650g
호두분태	300g
크랜베리	300g

400g / 10개 분량

주요 공정

믹싱
- 종 반죽: 사워종 준비
- 본 반죽: 최종 단계, 반죽 온도 26℃
  종 반죽과 본 반죽 재료를 넣고 믹싱 → 최종 단계 직후에 부재료 투입
※ 1시간 실온 발효 후 펀치를 주고 30분 휴지

1차 발효
5℃, 24시간

분할
반죽 전량을 가로 46cm, 세로 30cm로 밀어 편 후 가로 5cm, 세로 30cm(분할 중량 약 400g)로 재단하여 꼬아서 성형(반죽 온도를 15~16℃로 유지하기)

중간 발효
15분

성형 및 팬닝
스틱형으로 자른 후 면포 위에 올리기

2차 발효
27~30℃, 75%, 60분

굽기
- 굽기 전: 실리콘 페이퍼 위에 올리기
- 굽기: 250℃/230℃ 예열 후 반죽을 넣고 스팀 후 230℃/210℃, 25분

반죽이 질기 때문에 부재료를 믹서 볼에 바로 넣고 섞는다.

믹싱 완료 후 가볍게 접는다.

1시간 후 펀치를 주고 30분간 휴지한다.

1차 발효 전 직사각형으로 접는다.

발효통에 넣고 두께가 일정하게 한다.

1차 발효 후 반죽을 면포 위에 놓고 밀가루를 골고루 뿌린다.

CHEF's TIP

통밀 류스틱은 막대기형으로 반죽을 잘라 꼬는 방식으로 모양을 만들기 때문에 반죽이 자연스럽게 늘어날 수 있도록 질게 만든다. 이렇게 반죽이 질어지면 부재료를 섞을 때 교반기에 바로 넣어 섞고, 반죽이 완료되어 반죽 표면을 매끄럽게 만들 때도 발효통에 넣고 반죽을 접어서 반죽 윗면을 매끄럽게 만든다.

07 반죽 분할 규격에 맞추어 표시한다.

08 표시해 둔 간격에 맞추어 스크레이퍼에 올리브유를 바르고 자른다.

09 반죽을 꼬아 스틱형으로 성형한다.

10 면포에 반죽을 올리고 2차 발효한다.

11 2차 발효 후 실리콘 페이퍼 위에 올려 굽는다.

12 굽기가 끝난 반죽은 타공판으로 옮겨 식힌다.

CHEF's TIP

류스틱을 공장제 효모로 만드는 경우, 성형 시 밀대로 반죽을 밀어 펴서 큰 기포를 작은 기포로 나누고, 기포의 개수를 많이 만들어 빵의 내상을 균일하게 만든다. 화이트 사워종으로 류스틱을 만드는 경우, 가스 발생력이 많이 떨어지므로 빵의 내상이 거칠어지더라도 반죽을 가볍게 잡아당기거나 손바닥으로 토닥토닥 밀어 펴서 반죽 안에 가스를 충전시키는 시간을 단축하는 것이 좋다.

통밀 올리브 감자

감자의 칼륨 성분은 체내에 쌓인 나트륨을 체외로 배출하여 고혈압과 부기를 개선한다. 감자의 식이섬유소는 체내에 쌓인 콜레스테롤을 체외로 배출시켜 피부 미용 및 동맥 경화를 개선한다. 감자는 칼로리가 낮고 식이섬유와 수분이 풍부하여 다이어트 음식으로 좋다. 감자는 위점막을 강화시키는 효능이 있어 위경련이 자주 나타나거나 위가 약한 사람이 꾸준히 섭취하면 도움이 된다. 감자의 마그네슘은 뇌의 신경전달 물질 중 하나인 세로토닌의 생성을 활성화시켜 불면증을 개선한다. 감자는 염증을 소독하고 보호막을 만들어 경련을 줄인다.

재료

강력분	850g
전립분	150g
소금	24g
사워종	800g
물	430g
구운 감자	250g
올리브유	150g

충전물

호박씨	100g
호두분태	100g
뜨거운 물	300g

토핑물

호박씨	350g
에멘탈치즈	350g
검정깨	30g
흰깨	30g

350g / 7개 분량

주요 공정

믹싱
- 종 반죽: 사워종 준비
- 본 반죽: 최종 단계, 반죽 온도 26℃
  종 반죽과 본 반죽 재료, 구운 감자를 넣은 후 믹싱
  → 올리브유는 클린업 단계 직후에 조금씩 넣으면서 저속으로 믹싱
※ 1시간 실온 발효 후 펀치를 주고 30분 휴지 → 최종단계 직후에 부재료 투입

1차 발효
5℃, 24시간

분할
실온에서 1시간 후 350g씩 분할, 둥글리기
(반죽 온도를 15~16℃로 유지하기)

중간 발효
15분

성형 및 팬닝
가볍게 접어서 말아 준 뒤 반죽에 물을 뿌리고 호박씨와 에멘탈치즈슈레드를 위에 누른 후 실리콘 페이퍼 위에 올리기

2차 발효
27~30℃, 75%, 60~90분

굽기
- 굽기 전: 일직선으로 칼집 내기
- 굽기: 250℃/230℃ 예열 후 반죽을 넣고 스팀 후 230℃/210℃, 25분

01 호두와 호박씨를 팬에 넣고 볶는다.

02 끓는 물을 볶아 놓은 호박씨와 호두에 붓는다.

03 잘 저어 준 뒤 랩을 씌워 보관한다.

04 구운 감자와 가루 재료, 사워종, 물을 넣고 믹싱한다.

05 클린업 단계가 되면 올리브유를 조금씩 넣는다.

06 반죽의 상태를 보고 반죽 완성 단계를 확인한다.

CHEF's TIP

호두와 호박씨를 팬에서 볶아 고소하게 만든 후 볶아 놓은 호박씨와 호두에 끓는 물을 붓고 랩을 씌워 보관하면서 필요할 때 사용한다. 이렇게 전처리한 다음에 성형한 반죽의 표면에 호두와 호박씨를 묻혀 고온에서 구워도 호두와 호박씨가 타거나 딱딱하지 않고 부드럽다.

07 믹싱이 끝난 반죽을 가볍게 접어 휴지한다.

08 1시간 후 펀치를 주고, 1차 발효한다.

09 중간 발효가 끝난 반죽은 가볍게 접어 만다.

10 반죽 위에 물을 뿌리고 호박씨와 에멘탈치즈를 윗면에 묻힌다.

11 2차 발효 후 쿠프(칼집)를 넣는다.

12 굽기가 완료된 빵은 타공판에 옮겨 식힌다.

CHEF's TIP

믹싱이 끝난 천연 발효 반죽을 가볍게 접어 고온(25~29℃)에서 1시간 실온 발효 후 펀치를 주고 30분간 휴지하면 발효 미생물의 개체 수가 늘어나 발효력이 향상된다. 발효 미생물의 개체 수를 늘리는 중요한 환경 요인에는 물리적 요인인 균일한 온도와 화학적 요인인 pH, 산소의 농도가 있다. 이를 잘 관리할 수 있는 경험을 쌓는 것은 매우 중요한 천연 발효 기술이다.

통밀탕종 깜빠뉴

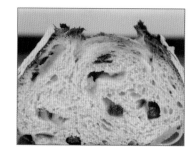

살구의 비타민A는 야맹증을 예방하는 효과가 있다. 살구의 색을 나타내는 베타카로틴과 라이코펜은 체내의 활성 산소를 배출하여 암을 예방하는 항암 효과가 있고 혈액 속의 혈구가 만들어지는 과정인 조혈 작용도 돕는다. 또한 라이코펜은 활성 산소를 제거하므로 노화를 방지하여 주름을 개선하고, 피부에 탄력이 생기게 한다. 살구의 아미그달린은 폐 기능을 활발하고 강하게 한다. 살구의 헤모글로빈은 피부 노화를 방지하고, 폐암, 췌장암 등에 효과가 있다. 살구의 신맛을 내는 각종 유기산은 육체 활동 후 오는 피로감을 덜어 주며 갈증을 해소한다.

재료

탕종 반죽

전립분	160g
물(100℃)	170g

본 반죽

프랑스 밀가루(T65)	700g
전립분	300g
소금	20g
사워종	700g
통밀 탕종	330g
물	550g
살구	200g
건포도	200g

450g / 6개 분량

주요 공정

믹싱
- 탕종 반죽: 물을 100℃로 끓인 후 훅을 장착한 믹서에 전립분을 넣고 물을 부어 믹싱 → 믹싱이 완료된 반죽은 꺼내어 손으로 치댄 후 볼에 담아서 보관
- 종 반죽: 사워종 준비
- 본 반죽: 최종 단계, 반죽 온도 26℃
  탕종 반죽, 종 반죽과 본 반죽 재료를 넣은 후 믹싱 → 반죽이 완료되는 최종 단계 직후 부재료 투입
  ※ 1시간 실온 발효 후 펀치를 주고 30분 휴지

1차 발효
5℃, 24시간

분할
실온에서 1시간 후 450g씩 분할, 둥글리기
(반죽 온도를 15~16℃로 유지하기)

중간 발효
15분

성형 및 팬닝
가볍게 접어서 말기

2차 발효
27~30℃, 75%, 60~90분

굽기
- 굽기 전: 실리콘 페이퍼 위에 올리고 쿠프
- 굽기: 250℃/230℃ 예열 후 반죽을 넣고 스팀 후 230℃/210℃, 30분

건조 살구는 트리플 섹(리큐어)에 담아둔 후 사용 전 가위로 자른다.

전립분을 넣고 100℃로 끓인 물을 부어 훅으로 믹싱한다.

탕종 반죽이 뭉치면 꺼내서 손으로 치댄다.

볼에 밀가루를 뿌리고 옮겨 준 후 랩을 씌워 보관한다.

건조 살구와 건포도는 최종 단계 직후에 반죽을 꺼내어 감싼다.

건조 살구와 건포도의 파손을 방지하기 위해 저속으로 돌린다.

CHEF's TIP

트리플 섹(Triple Sec)은 세 번 증류를 거듭하여 일반적인 리큐어(혼성주)보다 도수가 3배 높다는 뜻으로, 큐라소(Curacao, 오렌지 껍질로 만든 리큐어)의 대표적인 제품으로 감미가 있고 오렌지 향을 가진 무색투명한 리큐어(Liqueur)이다. 오렌지 껍질을 물에 넣어 증류한 액체와 알코올에 오렌지 껍질을 침지한 액체를 섞은 후 세 번 증류한 브랜디를 첨가하여 숙성시켜 만든다.

07 믹싱이 끝난 반죽을 가볍게 접어 실온에서 발효한다.

08 휴지를 주고 1차 발효한다.

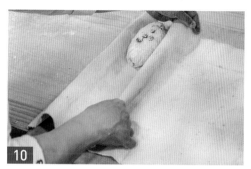

09 분할한 반죽을 가볍게 눌러서 편 후 가볍게 접어서 만다.

10 성형이 완료된 반죽은 면포에 옮겨서 2차 발효한다.

11 2차 발효 후 실리콘 페이퍼에 옮겨 쿠프를 한다.

12 굽기가 끝난 후 타공판에 옮겨 식힌다.

CHEF's TIP

저자가 의도하는 휴지는 반죽에 외부적 충격을 가한 후 글루텐을 다시 정돈하는 목적이 우선할 경우에 사용하고, 실온 발효는 발효 미생물의 개체수와 발효 산물을 생성시키는 목적이 우선할 경우에 사용한다. 1차 발효인 냉장 발효는 반죽의 소화 흡수율을 높이기 위하여 분해하는 숙성이 우선할 경우에 사용하였다.

고대 통밀빵

호두의 오메가3 지방산과 리놀레산은 혈액이나 혈관 벽에 달라붙어 있는 나쁜 콜레스테롤과 중성 지방을 제거하고 혈액 순환을 촉진하여 고혈압, 고지혈증, 뇌졸중, 동맥 경화 같은 각종 혈관 질환을 예방한다. 호두의 콜린은 학습력과 기억력을 향상시키며 뇌신경을 안정시키는 효과가 있고 칼슘과 비타민B군은 뇌를 건강하게 한다. 호두의 마그네슘, 구리 등 다양한 미네랄은 콜라겐 생성을 돕고 피부로 가는 혈류를 개선한다. 항염증, 항바이러스 효과가 있는 호두의 풍부한 레스베라트롤(resveratrol) 성분은 피지 분비를 줄여 여드름을 개선하고 피부를 탄력 있게 만들어 주는 등 피부 미용에 도움이 된다.

재료

통밀빵 전처리

통밀빵	450g
물	750g

본 반죽

강력분	1000g
전립분	200g
사워종	800g
소금	18g
전처리 통밀빵	전량
물	300g
호두분태	250g

450g / 8개 분량

주요 공정

믹싱
- 통밀빵 전처리: 통밀빵을 끓는 물에 넣고 풀어지도록 저어준 후 통에 담아 보관
- 종 반죽: 사워종 준비
- 본 반죽: 최종 단계, 반죽 온도 26℃
  통밀빵 전처리 반죽, 종 반죽과 본 반죽 재료를 넣은 후 믹싱
  → 반죽이 완료되는 최종 단계 직후 부재료 투입
- ※ 1시간 실온 발효 후 펀치를 주고 30분 휴지

1차 발효
5℃, 24시간

분할
실온에서 1시간 후 450g씩 분할, 둥글리기
(반죽 온도를 15~16℃로 유지하기)

중간 발효
15분

성형 및 팬닝
가볍게 둥글리기

2차 발효
27~30℃, 75%, 60~90분

굽기
- 굽기 전: 쿠프하기
- 굽기: 250℃/230℃ 예열 후 반죽을 넣고 스팀 후 230℃/210℃, 25분

끓는 물에 통밀빵을 넣는다.

통밀빵이 풀릴 때까지 젓는다.

전처리 반죽은 통에 담아서 보관한다.

전처리 반죽과 재료를 넣고 반죽의 상태를 확인하면서 반죽한다.

호두는 최종 단계 직후 반죽에 감싸서 저속으로 균일하게 섞는다.

반죽이 끝난 후 가볍게 접어 휴지한다.

CHEF's TIP

오븐 팽창은 2차 발효가 완료된 반죽을 오븐에 넣고 구울 때, 처음 5~6분간 반죽이 급격하게 부풀어 처음 크기의 약 1/3 정도 빵이 크게 팽창하는 것을 가리킨다. 오븐 팽창의 작동 원리 중 오븐 스프링(oven spring)은 반죽을 발효시키는 과정에서 발효 미생물에 의해 반죽에 축적된 가스의 압력 증가와 탄산가스, 용해 알코올이 기화하여 일어난다.

07

1시간 후 펀치를 가한다.

08

분할 후 반죽 속 기포를 빼지 않으면서 둥글린다.

09

성형한 반죽을 면포에 옮긴다.

10

2차 발효한다.

11

나뭇잎 모양으로 쿠프(칼집)를 한다.

12

굽기 완료된 빵은 타공판에 옮겨 식힌다.

CHEF's TIP

오븐 팽창의 작동 원리 중 오븐 라이즈(oven rise)는 반죽 굽기 시 반죽의 내부 온도가 아직 60℃에 이르지 않은 상태에서 발효 미생물이 사멸 전까지 활동하며 이산화탄소를 생성시켜 반죽의 부피를 조금씩 키우는 과정이다. 이때 반죽 표면의 물방울은 복사열로 기화하기 시작하고 기화에 필요한 열을 빼앗아 반죽 표면의 온도 상승이 억제되어 빵의 부피가 증가한다. 즉 서서히 일어나는 글루텐의 연화와 전분의 호화, 가소성화가 가스 보유력을 증진시켜 오븐 팽창을 돕는다.

통밀 쑥 깜빠뉴

쑥의 베타카로틴은 눈의 간상세포에 물체를 선별할 수 있는 로돕신 생성을 돕고 상피 세포의 건강을 개선한다. 또 베타카로틴은 항산화 성분으로 몸이 대사하는 중에 생성되는 세포 파괴 및 노화 물질을 몸 밖으로 배출하고 제거하는 데 도움이 되어 노화를 예방 및 방지한다. 쑥의 치네올은 쑥에서 나는 알싸하고 독특한 향을 내는 성분으로 위장 속에 있는 바이러스와 유해균을 제거하는 효과가 있고 약간의 자극적인 맛과 향은 위장을 자극하여 소화액 분비를 촉진하기 때문에 소화에도 도움이 된다. 쑥의 엽록소는 콜레스테롤을 흡수하여 몸 밖으로 배출하고 장에서 당분이 흡수되는 것을 방해하여 혈당 상승을 막는다.

재료

프랑스 밀가루(T65)	850g
전립분	150g
소금	24g
몰트 엑기스	4g
쑥	100g
사워종	800g
물	550g
크랜베리	250g
호두	250g
치크베기	250g

450g / 7개 분량

주요 공정

믹싱
- 종 반죽: 사워종 준비
- 본 반죽: 최종 단계, 반죽 온도 26℃
  종 반죽과 본 반죽 재료를 넣고 믹싱
  → 반죽이 완료되는 최종 단계 직후 부재료 투입
※ 1시간 실온 발효 후 펀치를 주고 30분 휴지

1차 발효
5℃, 24시간

분할
실온에서 1시간 후 450g씩 분할, 둥글리기
(반죽 온도를 15~16℃로 유지하기)

중간 발효
15분

성형 및 팬닝
가볍게 접어서 말아 면포에 올리기

2차 발효
27~30℃, 75%, 60~90분

굽기
- 굽기 전: 쿠프하기
- 굽기: 250℃/230℃ 예열 후 반죽을 넣고 스팀 후 230℃/210℃, 25분

01

크랜베리는 씻은 후 채에 밭친다.

02

15분간 뭉근한 불에서 찐다.

03

15분 후 뚜껑을 열고 식힌 후 보관한다.

04

믹싱 중 반죽 상태를 살피며 부재료 투입 시기를 확인한다.

05

부재료는 반죽을 꺼내어 감싼 후 저속으로 균일하게 섞는다.

06

반죽의 탄력을 확인하여 믹싱 완성 단계를 확인한다.

CHEF's TIP

우리나라 윈도 베이커리(매장에 있는 작업장에서 제빵사가 바로 반죽하고 구워낸 빵, 과자를 직접 판매하는 제과점)에서 많이 사용하는 믹서의 회전축에 거는 반죽 날개에는 비터, 휘퍼, 훅이 있다. 빵 반죽을 칠 때 사용하는 훅에는 L자형과 S자형이 기본이며, 다양한 모양으로 파생되어 있다. L자형 훅은 밀가루 글루텐의 형성을 방해하는 많은 부재료가 들어가고 1차 발효가 60분 미만인 빵 반죽에 적합하고, S자형 훅은 반죽에 산소 함유량을 높여야 하며 1차 발효가 90분 이상인 빵 반죽에 적합하다.

07 손으로 분할한 반죽을 가볍게 누른다.

08 가볍게 누른 반죽을 접는다.

09 눌러 접은 반죽을 만다.

10 만 반죽을 다시 가볍게 굴린다.

11 면포 위에 반죽을 올리고 2차 발효한다.

12 굽기가 완료된 빵은 타공판으로 옮겨서 식힌다.

CHEF's TIP

자가제 발효 미생물을 사용하여 반죽을 만들면 공장제 발효 미생물을 사용하여 반죽을 만든 경우보다 가스 발생력이 떨어진다. 그러므로 반죽의 볼륨을 회복하는 데 많은 시간이 소요된다. 그래서 자가제 발효 미생물로 만든 반죽을 사용하여 모양을 만드는 경우 밀대를 사용하지 않으며, 상대적으로 가볍고 느슨하게 접어 말아 눌러 성형을 한다.

전통 바게트

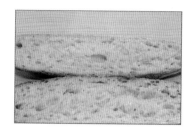

10%의 사워종을 넣고 사전에 수율 62%인 된 반죽의 형태인 오토리즈를 만들어 1시간 정도 발효하여 사용한다. 전체 반죽의 수율은 72%로 조절하고 본 반죽에 사용하는 사워종의 총량은 80% 만들어 1차 발효 시간을 30분 정도 단축하는 방법을 선택하였다. 성형한 반죽을 5℃의 냉장고에서 24시간 동안 2차 발효한 후 필요한 시간에 꺼내어 실온화하여 굽기를 하므로 생산성이 좋다. 이 제품에서는 다른 유럽식 천연발효빵보다 신맛을 좀 덜하게 만들었다. 신맛에는 다양한 형태가 있으며 가장 감칠맛 나는 신맛인 유산(젖산)은 저온 발효를 진행할 때 많이 생성된다.

재료

오토리즈 반죽

프랑스 밀가루(T65)	700g
강력분	300g
사워종	100g
물	600g

본 반죽

소금	20g
사워종	700g
물	10g

400g / 6개

주요 공정

믹싱
- 오토리즈 반죽: 저속 2분 믹싱 후 1시간 휴지
- 종 반죽: 사워종 준비
- 본 반죽: 최종 단계, 반죽 온도 26℃
  오토리즈 반죽, 종 반죽과 본 반죽 재료를 넣은 후 믹싱

1차 발효
90분 실온 발효
※ 1시간 실온 발효 후 펀치를 주고 30분 휴지

분할
400g씩 분할한 후 둥글리기

중간 발효
20분

성형 및 팬닝
반죽 속 기포를 최대한 빠지지 않도록 접어 바게트 모양으로 말기

2차 발효
5℃, 24시간

굽기
- 굽기 전: 실온에서 1시간 후 실리콘 페이퍼 위에 올리고 칼집내기(쿠프)
- 굽기: 250℃/230℃ 예열된 오븐에 스팀 후 230℃/210℃, 35분

Baking Point

01 오토리즈 반죽을 1시간 휴지 후 믹서에 넣는다.

02 나머지 재료들을 넣고 믹싱한다.

03 믹싱이 완료된 반죽은 가볍게 접어서 1시간 실온 발효한다.

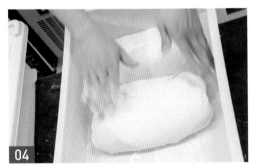

04 1시간 실온 발효 후 펀치를 주고 30분간 휴지한다.

05 분할한 반죽은 가볍게 말아서 중간 발효한다.

06 반죽 내 기포를 최대한 빠지지 않도록 가볍게 눌러서 접는다.

CHEF's TIP

천연발효빵의 반죽 시간에 영향을 미치는 요소를 고려하여 믹싱한다.

① 반죽기의 회전 속도, 믹서의 구조, 훅의 형태, 반죽량이 영향을 미친다.

② 사전 반죽의 양과 숙성 정도가 영향을 미친다.

③ 반죽의 온도와 수소이온농도가 영향을 미친다.

④ 밀가루 단백질의 양, 질, 숙성과 반죽의 되기가 영향을 미친다.

07 길이 약 65cm 정도의 막대기 모양으로 성형한다.

08 면포 위로 옮겨서 수분이 마르지 않도록 한다.

09 5℃ 냉장에서 24시간 발효한다.

10 펠롱(pellon)을 이용하여 반죽을 실리콘 페이퍼 위로 옮긴다.

11 바게트 반죽 위에 쿠프(칼집내기)를 한다.

12 바게트 밑면을 두드려서 굽기 완성 단계를 확인한다.

CHEF's TIP

지금은 누구나 돈만 있으면 사먹을 수 있지만, 프랑스 대혁명이 일어나기 전인 1775년도만 해도 신분에 따라 먹을 수 있는 빵의 색깔과 종류가 달랐다. 프랑스 혁명이 일어난 지 4년 후인 1793년 11월 구체제를 해체한 국민의회가 빵의 평등권을 선포하면서 누구나 흰 밀가루로 만든 빵을 먹을 수 있게 되었고, 이후 바게트는 프랑스를 상징하는 평등의 빵으로 사랑을 받고 있다.

잡곡 바게트

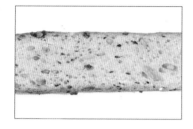

아마씨는 불포화 지방산인 오메가3 지방산(알파-리놀렌산)과 리그난이라고 불리는 생리 활성 성분과 섬유질 등이 풍부하다. 이 같은 성분은 심장과 소화기의 건강을 유지하고 면역 체계를 강화하며 항암 작용과 관절염에도 효과가 있다. 또 오메가3 지방산은 심장 발작의 위험을 줄이며 혈압도 낮추고 뇌졸중도 예방한다. 리그난은 항암 작용을 하고 유방암 종양의 성장을 억제하고 전립선암 발병 위험을 낮춘다. 그러면 이렇게 좋은 성분들을 몸에 흡수하기 위해 어떻게 섭취해야 할까? 아마씨를 잘게 빻은 후 유산균의 대사산물인 유기산과 함께 섭취할 때 몸에 가장 잘 흡수된다.

재료

강력분	600g
헤이즐넛믹스	75g
검은깨	8g
크라프트콘	150g
사워종	600g
물	450g
호두분태	100g

토핑물

헤이즐넛믹스	100g
호밀가루	100g
크라프트콘	100g

200g / 10개 분량

주요 공정

믹싱
- 종 반죽: 사워종 준비
- 본 반죽: 최종 단계, 반죽 온도 25℃
  종 반죽과 본 반죽 재료를 넣은 후 믹싱
  → 최종 단계 직후에 부재료 투입
※ 1시간 실온 발효 후 펀치를 주고 30분 휴지

1차 발효
5℃, 24시간

분할
실온에서 1시간 후 200g씩 분할, 둥글리기
(반죽 온도를 15~16℃로 유지하기)

중간 발효
15분

성형 및 팬닝
반죽의 기포가 빠지지 않도록 가볍게 눌러서 막대기 모양으로
성형 후 토핑물을 묻혀서 바게트 틀에 놓기

2차 발효
27~30℃, 75%, 60~90분

굽기
컨벡션 오븐에서 250℃ 예열 후 스팀 분사하고 200℃에서 20분

Baking Point

01 반죽의 탄력을 살피며 믹싱 단계를 확인한다.

02 최종 단계 직후 반죽을 꺼낸 후 호두를 반죽으로 감싼다.

03 저속으로 호두와 반죽을 섞는다.

04 반죽이 다 되면 가볍게 접어서 1시간 휴지한다.

05 펀치 1_ 반죽을 가볍게 3절 접기한다.

06 펀치 2_ 가볍게 반죽을 만다.

CHEF's TIP

믹싱 시 반죽이 얻는 물리적 성질은 다음과 같다.

① 가소성: 정형 공정에서 반죽에 힘을 가해 모양을 만들면 그 모양을 유지하려는 성질
② 탄력성: 정형 공정에서 반죽에 힘을 가했을 때 원래의 상태로 되돌아가려는 성질
③ 신장성: 반죽을 서로 다른 방향으로 잡아당길 때 늘어나는 성질
④ 저항성: 반죽을 서로 다른 방향으로 잡아당길 때 늘어나지 않으려는 성질
⑤ 흐름성: 반죽이 팬 또는 용기의 모양이 되도록 흘러 모서리까지 차게 하는 성질

200g씩 분할한 반죽은 가볍게 둥글린다.

가볍게 눌러서 막대기 모양으로 성형한다.

성형이 완료된 반죽 위에 붓으로 물을 바른다.

물을 바른 반죽을 토핑물 위에 굴린다.

토핑물을 묻힌 반죽을 바게트 틀 위에 놓는다.

컨벡션 오븐에 넣고 20분간 굽는다.

CHEF's TIP

천연발효빵 제조 시 둥글리기를 하는 목적은 다음과 같다.

① 반죽 속 기포를 최대한 빠지지 않도록 둥글려 중간 발효 시간을 단축한다.

② 가스를 보유할 수 있는 반죽 구조를 만든다.

③ 분할 시 반죽의 절단면에 생기는 끈적임을 줄인다.

④ 분할로 흐트러진 글루텐의 구조와 방향을 정돈한다.

⑤ 분할된 반죽을 미리 성형하기 적절한 상태로 만든다.

통밀 바게트

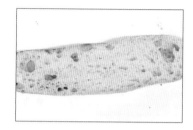

먼저 통밀가루(전립분)를 넣고 1시간 정도 수율 55%의 반죽 형태인 오토리즈를 만든다. 통밀가루를 오토리즈(自己消化, autolysis, autolyse)하면 반죽이 부드러워져 굽기 시 오븐 팽창이 향상한다. 본 반죽 시 묽은 화이트 사워종을 곡류 기준 80% 정도 사용한 후 26℃의 온도에서 1차 발효를 1시간 정도 한 후 30분 정도 휴지하고 5℃ 냉장 발효를 24시간 동안 하는 패턴으로 발효하면 우리나라 사람들이 좋아하는 정도의 신맛을 표현하면서 정형 공정 이후의 제품 제조 시간을 3시간 이내에 마칠 수 있어 생산성을 향상할 수 있다.

재료

오토리즈 반죽

강력분	700g
전립분	300g
물	550g

본 반죽

소금	20g
몰트 엑기스	8g
사워종	800g
물	10g

310g / 8개 분량

주요 공정

믹싱
- 오토리즈 반죽: 저속 2분 믹싱 후 1시간 휴지
- 종 반죽: 사워종 준비
- 본 반죽: 최종 단계, 반죽 온도 26℃
  오토리즈 반죽, 종 반죽과 본 반죽 재료를 넣은 후 믹싱
※ 1시간 실온 발효 후 펀치를 주고 30분 휴지

1차 발효
5℃, 24시간

분할
실온에서 1시간 후 310g씩 분할, 둥글리기
(반죽 온도를 15~16℃로 유지하기)

중간 발효
15분

성형 및 팬닝
반죽의 기포가 빠지지 않도록 가볍게 눌러서 막대기 모양으로 성형

2차 발효
27~30℃, 75%, 60~90분

굽기
250℃/230℃ 예열 후 반죽을 넣고 스팀 후 240℃/210℃, 25분

Baking Point

01 사워종, 몰트 엑기스, 소금, 오토리즈를 넣고 저속으로 믹싱한다

02 믹싱을 하면서 천천히 물을 넣는다.

03 반죽의 되기와 믹싱 단계를 확인한다.

04 믹싱이 완료된 반죽은 가볍게 접어서 1시간 실온 발효 후 펀치한다.

05 냉장 발효하고 실온에서 1시간 후 분할 및 둥글리기 한다

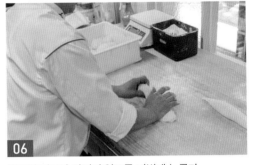

06 반죽의 기포가 빠지지 않도록 가볍게 누른다.

CHEF's TIP

반죽이 만들어지는 단계와 단계별 특징은 다음과 같다.

① 픽업 단계: 밀가루와 원재료에 물을 첨가하여 균일하게 대충 혼합하는 단계이다.

② 클린업 단계: 밀가루의 수화가 완료되고 글루텐이 형성되기 시작하는 단계이다.

③ 발전 단계: 탄력성이 최대로 증가하며 반죽이 강하고 단단해지는 단계이다.

④ 최종 단계: 탄력성과 신장성이 가장 좋으며, 반죽이 부드럽고 윤이 나는 단계이다.

⑤ 렛다운 단계: 흐름성(퍼짐성)이 최대인 상태로 오버 믹싱, 과반죽이라고 한다.

07

약 60cm 정도의 막대기 모양으로 만들며 끝은 뾰족
하게 한다.

08

밀가루를 먹인 면포 위에 반죽을 놓는다.

09

발효실에서 2차 발효한다.

10

펠롱(pellon)을 사용하여 실리콘 페이퍼 위로 반죽을
옮긴다.

11

반죽 위에 쿠프(칼집내기)를 하고 오븐에서 굽는다.

12

굽기가 완성된 반죽은 타공판으로 옮겨 식힌다.

CHEF's TIP

천연발효빵을 몰딩(molding, 성형하기)할 때 갖는 특징은 다음과 같다.

① 밀기: 밀대를 사용하지 않고 손으로 가볍게 두드려 반죽을 민다.

② 접기: 반죽에 가소성과 탄력성을 주기 위해 접는다.

③ 말기: 지나치게 가스를 빼지 않기 위하여 가볍게 만다.

④ 봉하기: 숙성하면서 점성이 많아지므로 만 반죽을 위아래로 밀어서 붙인다.

두유 바게트

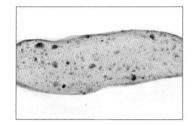

두유의 사포닌은 지방을 분해하고 올리고당과 식이섬유는 포만감을 오래 느끼게 해 과식을 예방한다. 두유는 칼슘과 철이 풍부하며 흡수율도 좋아 뼈를 튼튼하게 한다. 두유의 레시틴은 두뇌 발달과 기억력 향상을 도와 노 인성 치매를 예방한다. 두유에는 여성 호르몬인 에스트로겐과 비슷한 구 조를 가진 이소플라본이 있어 낮아진 여성 호르몬 수치를 완화하여 갱년 기 증상을 개선한다. 콩에 함유된 불포화지방산인 리놀레산은 동맥 경화 와 고혈압과 같은 혈관 관련 질병의 예방에 좋다. 콩을 원료로 한 두유의 좋은 성분들을 유산균의 대사산물인 유기산과 함께 섭취하면 체내에 잘 흡수된다.

재료

오토리즈 반죽

프랑스 밀가루(T65)	900g
호밀가루	100g
두유	650g

본 반죽

사워종	800g
소금	18g

300g / 8개 분량

주요 공정

믹싱
- 오토리즈 반죽: 저속 2분 믹싱 후 1시간 휴지
- 종 반죽: 사워종 준비
- 본 반죽: 최종 단계, 반죽 온도 26℃
  오토리즈 반죽, 종 반죽과 본 반죽 재료를 넣은 후 믹싱
※ 1시간 실온 발효 후 펀치를 주고 30분 휴지

1차 발효
5℃, 24시간

분할
실온에서 1시간 후 300g씩 분할, 둥글리기
(반죽 온도를 15~16℃로 유지하기)

중간 발효
15분

성형 및 팬닝
반죽의 기포가 빠지지 않도록 가볍게 눌러서 막대기 모양으로 성형

2차 발효
27~30℃, 75%, 60~90분

굽기
250℃/230℃ 예열 후 반죽을 넣고 스팀 후 240℃/210℃, 25분

01

오토리즈 반죽, 종 반죽, 본 반죽 재료를 넣고 믹싱한다.

02

믹싱 완료 후 발효 통으로 옮긴다.

03

1시간 발효 후 반죽의 양옆을 접는다.

04

접은 반죽을 가볍게 만다.

05

1차 발효 후 300g씩 분할한다.

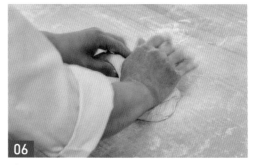

06

반죽 속 기포가 빠지지 않도록 가볍게 누른다.

CHEF's TIP

믹싱 시 글루텐을 발전시킬 때 반죽에 가하는 믹싱 속도와 물리적 힘의 형태는 완제품의 질감에 영향을 미친다.

① 믹싱 속도가 상대적으로 느리거나 물리적 힘의 형태가 나선형 훅에 의한 '혼합'이라면 오븐의 팽창은 작고 완제품의 질감은 부드럽다.

② 믹싱 속도가 상대적으로 빠르거나 물리적 힘의 형태가 L자형 훅에 의한 '이김'이라면 오븐의 팽창은 크고 완제품의 질감은 쫄깃하다.

07 누른 반죽을 가볍게 말아서 이음매를 봉한다.

08 성형한 반죽을 면포에 올리고 2차 발효한다.

09 2차 발효가 끝난 후 반죽에 쿠프(칼집)를 넣는다.

10 오븐에 들어간 직후의 반죽 상태를 확인한다.

11 굽기 15분 후 반죽의 상태를 확인한다.

12 굽기가 완료된 바게트는 타공판으로 옮겨 식힌다.

CHEF's TIP

천연 발효 반죽을 성형하는 넓은 의미의 정형 공정(Make up process)은 다음과 같다.

① 분할: 원하는 중량을 한두 번에 나누어 가능한 반죽의 손상을 줄인다.

② 둥글리기: 분할 시 손상된 반죽의 표피와 글루텐을 재정돈한다.

③ 중간 발효: 분할과 둥글리기로 긴장된 반죽을 이완한다.

④ 성형: 반죽에 포집된 가스를 가능한 소포시키지 않으면서 원하는 모양을 만든다.

⑤ 팬닝: 굽기 시 대류를 고려하여 실리콘 페이퍼 위에 반죽을 가지런히 놓는다.

part3 바게트 Baguette

마늘 바게트

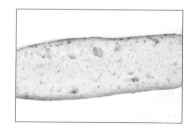

마늘을 먹으면 혀나 입술 쪽이 얼얼한 것 같은 매운맛이 나는데 이는 알리신이라는 성분 때문이다. 알리신은 12배로 희석을 해도 결핵균, 디프테리아균, 이질균, 티푸스균 등에 저항하는 항균 작용이 있으며 감기나 식중독, 피부병 등을 일으키는 각종 병원성 세균에도 항균 작용이 있다. 또 알리신은 비타민 B₁과 결합하면 알리티아민이 되어 신진대사를 원활하게 하고 피로 회복과 체력 증진 등에 뛰어난 효과를 보인다. 뿐만 아니라 콜레스테롤의 농도를 감소시켜 혈관 질환 예방에 효과적이고 항암 작용을 하는 데도 도움을 준다.

재료

강력분	600g
소금	8g
분유	10g
사워종	500g
물	300g

마늘 소스-1

무염버터	700g
설탕	270g
연유	90g
생크림	125g
마늘	125g
소금	2g
파슬리	4g

마늘 소스-2

무염버터	700g
마요네즈	300g
노른자	5개
생크림	100g
우유	100g
마늘	250g
파슬리	15g

202g / 7개 분량

주요 공정

믹싱
- 종 반죽: 사워종 준비
- 본 반죽: 최종 단계, 반죽 온도 25℃
  종 반죽과 본 반죽 재료를 넣은 후 믹싱
※ 1시간 실온 발효 후 펀치를 주고 30분 휴지

1차 발효
5℃, 24시간

분할
실온에서 1시간 후 200g씩 분할, 둥글리기
(반죽 온도를 15~16℃로 유지하기)

중간 발효
15분

성형 및 팬닝
가볍게 눌러 막대기 모양으로 성형한 후 바게트 틀 위에 놓고
일자로 칼집을 낸 다음 그 위에 버터 짜기

2차 발효
27~30℃, 75%, 60~90분

굽기
컨벡션 오븐에서 250℃ 예열 후 스팀 분사하고 200℃에서 20분

마무리
① 바게트에 칼집을 내고 마늘 소스-1과 마늘 소스-2를 차례대로 바른 다음 컨벡션 오븐에 8분 더 굽기
② 구워져 나오면 홍차 시럽을 바르고 파슬리를 뿌리기

01

믹싱을 하면서 반죽의 되기와 믹싱 정도를 확인한다.

02

분할 후 가볍게 둥글린다.

03

반죽을 손바닥으로 가볍게 누른 후 성형 준비를 한다.

04

막대기 모양으로 만 뒤 바게트 틀 위에 올린다.

05

반죽의 정중앙 부분에 칼집을 낸다.

06

칼집을 낸 곳에 짤주머니를 이용하여 버터를 넣는다.

CHEF's TIP

천연 발효 반죽의 손 분할 방법의 특징은 다음과 같다.

① 주로 소규모 빵집에서 적합한 분할 방법이다.

② 기계 분할에 비하여 부드럽게 분할 공정을 수행할 수 있으므로 전분과 단백질이 많이 용해되고 끈적거리는 천연 발효 반죽에 적합하다.

③ 기계 분할에 비하여 반죽의 손상이 적게 일어나므로 오븐 스프링이 좋아 부피가 양호한 제품을 만들 수 있다.

07

컨벡션 오븐에서 1차 굽기를 한다.

08

1차 굽기 후 소스를 넣기 위해 80%정도 자른다.

09

마늘 소스-1을 바게트 위에 바른다.

10

마늘 소스-2를 9번 위에 한 번 더 바른 후 8분간 2차 굽기를 한다.

11

구워 나온 반죽 위에 홍차 시럽을 바른다.

12

마지막으로 파슬리를 뿌리고 디스플레이한다.

CHEF's TIP

- 마늘 소스-1: 버터와 설탕을 완전히 녹인다. 식으면 배합표에 적힌 재료 순서로 섞은 후 냉장고에 보관하여 다음날 사용한다.
- 마늘 소스-2: 버터를 포마드로 만든 후 배합표에 적힌 재료 순서로 섞어 완성한다.
- 홍차 시럽: 설탕 700g, 물엿 250g, 물 800g, 홍차 4g을 준비한다. 홍차를 제외한 재료를 볼에 담아 팔팔 끓인 후 95~100℃에서 홍차를 넣고 3~5분 정도 우린 후 건져 내어 홍차 시럽을 완성한다.

롤치즈 소프트 바게트

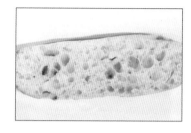

버터는 우유를 흔들어 유지방을 분리한 뒤 저온에 굳혀 고체 상태로 만든 것이다. 유지방의 함량에 따라 마가린, 컴파운드 마가린, 컴파운드 버터, 버터로 나뉘고, 유산균 유무에 따라 발효 버터와 가공 버터, 소금 유무에 따라 가염 버터와 무염 버터로 나뉜다. 버터에 들어 있는 불포화 지방산인 올레인산은 성장기 아이들의 성장 발육, 두뇌 발달에 도움을 준다. 또한 비타민 A, D, K가 들어 있어 피부 탄력, 시력 향상, 충치 예방 효과도 있다. 그러나 버터는 100g당 747kcal로 칼로리가 높아 너무 많이 섭취하면 중성 지방, 콜레스테롤을 증가시켜 동맥 경화나 뇌경색을 유발할 수 있으므로 주의해야 한다.

재료

강력분	1000g
소금	20g
설탕	30g
버터	50g
계란	1개
사워종	800g
물	520g

토핑 크림

무염버터	300g
설탕	150g
연유	200g
노른자	8개

충전물

롤치즈	360g

200g / 12개 분량

주요 공정

믹싱
- 종 반죽: 사워종 준비
- 본 반죽: 최종 단계, 반죽 온도 25℃
  종 반죽과 본 반죽 재료를 넣은 후 믹싱
※ 1시간 실온 발효 후 펀치를 주고 30분 휴지

1차 발효
5℃, 24시간

분할
실온에서 1시간 후 200g씩 분할, 둥글리기
(반죽 온도를 15~16℃로 유지하기)

중간 발효
15분

성형 및 팬닝
손바닥으로 가볍게 눌러서 핀 반죽 위에 30g의 롤치즈를 올려 말아서 막대기 모양으로 성형한 후 실리콘 페이퍼에 올리기

2차 발효
27~30℃, 75%, 60~90분

굽기
- 굽기 전: 일자로 칼집을 낸 다음 그 위에 버터 짜기
- 굽기: 250℃/230℃ 예열된 오븐에 스팀 후 240℃/210℃, 20분

마무리
구워져 나오면 토핑 크림을 발라서 오븐에 3분간 더 굽기

01

반죽의 되기와 완성 단계를 확인한다.

02

반죽이 완성되면 가볍게 접어서 1시간 실온 발효한다.

03

1시간 실온 발효 후 펀치를 주고 1차 발효한다.

04

1차 발효 후 1시간 실온에 둔 반죽을 200g씩 분할한다.

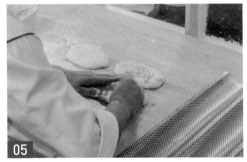

05

반죽을 손으로 가볍게 눌러 평평하게 한 후 안에 롤치즈를 넣는다.

06

롤치즈를 넣은 반죽을 가볍게 만다.

CHEF's TIP

발효의 목적은 다음과 같다.

① 반죽의 팽창 작용: 발효 미생물이 활동할 수 있는 최적의 조건을 만들어 가스 발생력을 극대화한다. 반죽의 신장성을 향상하여 가스 보유력을 높인다.

② 발효 산물의 생성: 미생물의 발효에 의해 알코올류, 유기산류, 에스테르류, 알데히드류, 케톤류 등을 생성시켜 빵에 독특한 맛과 향을 준다.

③ 반죽의 숙성: 발효 미생물이 분비하는 효소와 대사 작용에 의한 발효 산물로 반죽을 분해하여 체내 소화 흡수율을 높인다.

07

성형한 반죽을 실리콘 페이퍼 위에 놓는다.

08

팬닝한 반죽 윗면의 가운데에 길게 칼집을 낸다.

09

칼집을 낸 곳에 버터를 짠다.

10

1차 굽기가 완료된 바게트를 꺼내어 작업대에 둔다.

11

칼집으로 벌어진 부분에 토핑 크림을 바른다.

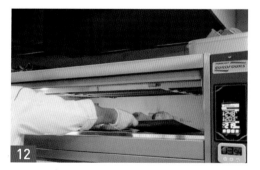

12

토핑 크림을 바른 빵을 다시 오븐에 넣고 3분간 굽는다.

CHEF's TIP

팬닝 시 주의 사항

팬닝은 정형 공정이 완료된 반죽을 틀에 넣거나 실리콘 페이퍼에 나열하는 공정으로, 팬닝할 때는 틀의 온도와 반죽의 간격에 신경을 써서 나열해야 한다. 틀의 온도는 30℃ 전후로 유지한다. 반죽을 나열할 때는 굽기시 열의 흐름인 대류로 빵의 옆면을 균일하게 착색하기 위해 아래, 좌우를 일정하게 벌려 놓아야 한다.

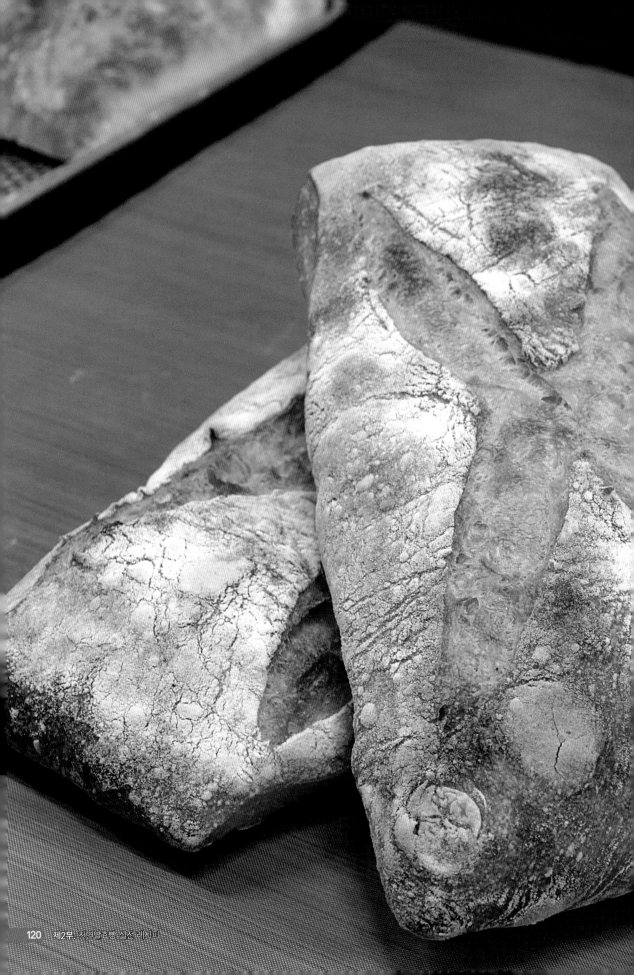

루스틱 바게트

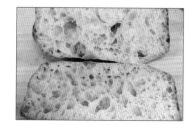

오토리즈(Autolyse)는 생물체 조직이 죽은 후, 체내의 효소 작용에 의해 자신이 분해되는 현상을 말한다. 동식물(動植物) 조직이 죽으면 pH가 약간 산성이 되고, 동물의 경우에는 세포 내의 프로테아제가 활성화되어 조직의 단백질이 분해되고 아미노산이나 펩티드 등을 생성한다. 식물의 경우에는 세포 내의 아밀라아제가 활성화되고 섬유질이나 전분이 분해되어 포도당이나 맥아당을 생성한다. 요리의 실용적인 관점에서 보면 짐승의 고기는 연화하여 아미노산이나 가용성 질소 등이 증가하고 곡류로 만든 반죽은 연화하여 맥아당이나 포도당 등이 증가한다. 그래서 오토리즈가 적당히 진행되면 음식의 맛이 증가한다.

재료

오토리즈 반죽

프랑스 밀가루(T65)	800g
전립분	100g
강력쌀가루	100g
물	650g

본 반죽

사워종	800g
소금	20g
물	100g

10cm / 7개 분량

주요 공정

믹싱
- 오토리즈 반죽: 저속 2분 믹싱 후 1시간 휴지
- 종 반죽: 사워종 준비
- 본 반죽: 최종 단계, 반죽 온도 26℃
  오토리즈 반죽, 종 반죽과 본 반죽 재료를 넣은 후 믹싱
※ 1시간 실온 발효 후 펀치를 주고 30분 휴지

1차 발효
5℃, 24시간

분할
실온 1시간 후 가로 70cm, 세로 20cm, 직사각형 모양 만들기(반죽 온도를 15~16℃로 유지하기)

중간 발효
15분

성형 및 팬닝
가로 70cm를 기준으로 폭 10cm씩 잘라 가로 10cm, 세로 20cm인 직사각형 7개 만들기

2차 발효
27~30℃, 75%, 60분

굽기
- 굽기 전: 실리콘 페이퍼 위에 옮긴 후 X자로 쿠프(칼집)
- 굽기: 250℃/230℃ 예열 후 반죽을 넣고 스팀 후 230℃/210℃, 25분

믹싱이 완료된 반죽을 가볍게 접어 1시간 실온 발효한다.

실온 발효 후 펀치를 주고 발효통에 넓은 직사각형 모양으로 편다.

5℃ 냉장에서 24시간 1차 발효한다.

1차 발효 후 밀가루를 먹인 면포 위에 반죽을 뒤집어 놓는다.

실온 1시간 후 가로 70cm, 세로 20cm로 직사각형 모양을 잡아 준다.

폭 10cm마다 표시한다.

CHEF's TIP

발효 중에 일어나는 생화학적 변화는 다음과 같다.

① 밀 전분은 아밀라아제에 의해 맥아당으로 변화한다.

② 밀 단백질은 프로테아제에 의해 아미노산으로 변화한다.

③ 발효가 진행됨에 따라 생성된 유기산에 의해 전분의 수화와 팽윤, 효소 작용 속도, 반죽의 산화와 환원 등이 영향을 받는다.

07
스크레이퍼에 올리브유를 바른 후 재단하고, 2차 발효한다.

08
2차 발효 후 실리콘 페이퍼 위에 옮긴다.

09
반죽 위에 밀가루를 골고루 뿌린다.

10
반죽의 윗면 가운데에 X자 모양으로 쿠프한다.

11
오븐에 넣고 25분간 굽는다.

12
밑면의 색과 두드렸을 때 나는 소리로 굽기 완성 정도를 확인한다.

CHEF's TIP

중간 발효를 하는 목적은 다음과 같다.

① 반죽의 신장성을 높여 정형 과정에서 밀어 펴기를 쉽게 한다.

② 가스 발생으로 반죽의 유연성을 회복시킨다.

③ 성형할 때 끈적거리지 않도록 반죽 표면에 얇은 막을 형성한다.

④ 분할과 둥글리기를 하는 과정에서 손상된 글루텐 구조를 다시 정돈한다.

시미트빵

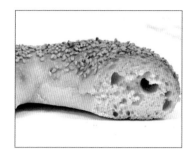

프랑스 밀가루의 형태(type de farine)는 밀가루 종류 번호인 Type45, Type55, Type65, Type80, Type110, Type150 등의 계수로 나타낸다. 이는 10g의 밀가루에 들어 있는 회분(무기질)을 mg 단위로 가리키기 때문이다. 종류 번호가 T55인 경우는 부풀게 굽는 가루 반죽(pâte feuilletée, 중력분)이 들어 있는 표준의 요리용 흰 밀가루이고 밀가루의 종류 번호가 T45인 경우는 가루 반죽 밀가루(pastry flour, 박력분)라고 불리기도 하지만 일반적으로 더 부드러운 밀에서 추출한다. 종류 번호 T65, T80, T110은 회분 함량의 증가로 더 색이 짙은 빵의 밀가루이며 종류 번호 T150은 통밀가루를 뜻한다.

재료

프랑스 밀가루(T65)	500g
꿀	20g
소금	8g
버터	25g
물	225g
사워종	400g

토핑물

깨	200g

162g / 7개 분량

주요 공정

믹싱
- 종 반죽: 사워종 준비
- 본 반죽: 최종 단계, 반죽 온도 26℃
  종 반죽과 본 반죽 재료를 넣고 믹싱
※ 1시간 실온 발효 후 펀치를 주고 30분 휴지

1차 발효
5℃, 24시간

분할
실온에서 1시간 후 162g씩 분할, 둥글리기
(반죽 온도를 15~16℃로 유지하기)

중간 발효
15분

성형 및 팬닝
가볍게 눌러서 접어 말아준 뒤 한 쪽 끝을 누른 후 도넛 모양으로 성형
→ 그 위에 물을 바르고 토핑물(깨)을 묻혀 평철판에 올리기

2차 발효
27~30℃, 75%, 60분

굽기
250℃/230℃ 예열 후 반죽을 넣고 스팀 후 240℃/210℃, 20분

01 반죽 완성 후 가볍게 접어서 1시간 실온 발효한다.

02 냉장 발효 후 실온에서 1시간 뒤 반죽을 분할한다.

03 반죽을 가볍게 눌러서 접는다.

04 접은 반죽을 굴려서 길게 늘인다.

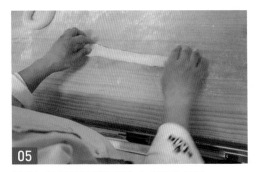

05 길게 늘인 반죽의 한쪽 끝을 손 볼로 누른다.

06 다른 한쪽을 누른 곳에 얹는다.

CHEF's TIP

효모가 발효 중에 일으키는 생화학적 작용은 다음과 같다.

① 효모가 체외로 분비한 인베르타아제로 설탕을 가수 분해하여 포도당과 과당을 생성한다.

② 효모가 체외로 분비한 말타아제로 맥아당을 가수 분해하여 포도당과 포도당을 생성한다.

③ 효모가 포도당과 과당을 삼투압으로 체내로 흡수하여 치마아제로 이산화탄소, 에틸알코올, 열량을 생성한다.

07 엎은 반죽을 누른 부분의 양쪽을 잡아당겨 봉한다.

08 성형이 완료된 반죽에 물을 묻힌다.

09 토핑물 위에 반죽을 올려 묻힌다.

10 60분간 2차 발효한다.

11 오븐에 넣고 20분간 굽는다.

12 밑면의 색이 너무 진해지지 않도록 주의한다.

CHEF's TIP

- 2차 발효를 하는 목적은 발효가 진행됨에 따라 발효 미생물과 효소가 활성화되어 정형 공정에서 가스 빼기가 된 반죽을 다시 그물 구조로 완제품의 특성에 적합하게 부풀리는 것이다. 발효 산물인 유기산과 에틸알코올이 글루텐에 작용하여 반죽의 신장성이 증가하며 이는 굽기 시 오븐 팽창이 잘 일어나도록 한다.
- 시미트는 터키인들이 즐겨 먹는 빵으로, 베이글처럼 보이지만 크러스트(빵 껍질)는 바게트와 비슷하고 크럼(빵의 속)은 쫄깃한 것이 특징이다.

바질 파니니

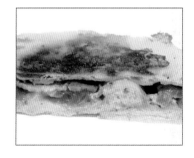

바질의 제아크산틴과 루틴은 노년에 증가하는 안구 질환을 예방하여 눈 건강을 유지한다. 바질의 탄닌과 베타카로틴은 체내의 활성 산소 농도를 낮추어 세포 조직이 노화되는 것을 늦춘다. 바질의 칼륨은 몸에서 노폐물과 나트륨을 빠져 나오게 하여 혈압을 내리고, 부기를 빼 주는 효과가 있다. 바질의 향은 심신을 안정시켜 집중력을 높이고 코막힘 증상과 호흡기 질환을 개선하며, 여성 호르몬인 에스트로겐 분비를 자극하여 생리 관련 질환을 예방한다.

재료

탕종 반죽

강력분	160g
물(100℃)	170g

본 반죽

강력분	350g
탕종 반죽	250g
설탕	20g
소금	10g
분유	15g
버터	30g
사워종	400g
물	200g

속재료

바질페이스트	100g
베이컨	7장
피자 치즈	300g
양파	2개
토마토	4개
슬라이스 치즈	7장
후추	약간

160g / 7개 분량

주요 공정

믹싱
- 탕종 반죽: 물을 100℃로 끓인 후 훅을 장착한 믹서에 강력분을 넣고 물을 부어 믹싱 → 믹싱이 완료된 반죽은 꺼내어 손으로 치댄 후 볼에 담아서 보관
- 종 반죽: 사워종 준비
- 본 반죽: 최종 단계, 반죽 온도 26℃
  탕종 반죽, 종 반죽과 본 반죽 재료를 넣고 믹싱
※ 1시간 실온 발효 후 펀치를 주고 30분 휴지

1차 발효
5℃, 24시간

분할
실온에서 1시간 후 160g씩 분할, 둥글리기
(반죽 온도를 15~16℃로 유지하기)

중간 발효
15분

성형 및 팬닝
반죽을 손으로 넓게 편 후 위에 바질페이스트, 베이컨, 토마토, 마요네즈, 양파, 토마토, 슬라이스 치즈, 후추 순으로 올린 후 말아서 봉하고 피자 치즈 묻히기

2차 발효
27~30℃, 75%, 60~90분

굽기
- 굽기 전: 반죽이 있는 철판 두 귀퉁이에 작은 틀을 놓고 위에 실리콘 페이퍼를 올린 후 철판 한 장을 다시 올리기
- 굽기: 210℃/190℃, 25분

탕종: 물을 끓인다.

탕종: 믹서에 가루 재료를 넣은 후 끓인 물을 넣고 고속으로 돌린다.

탕종: 손으로 치대어 마무리한다.

믹싱 후 가볍게 접어서 1시간 실온 발효한다.

분할한 반죽을 손으로 넓게 편다.

넓게 편 반죽 위에 바질페이스트를 펴 바른다.

CHEF's TIP

탕종 반죽을 사용하는 목적은 다음과 같다.

① 밀가루 전분을 호화시켜 본 반죽에 넣으면 천연 발효 미생물이 먹이로 쉽게 활용할 수 있으므로 발효력이 향상된다.

② 호화된 밀가루 전분은 밀가루 단백질을 중심으로 만들어지는 글루텐에 탄성을 주어 완제품의 질감을 쫄깃하게 만든다.

③ 탕종 반죽을 사용하여 만든 빵은 체내 소화 흡수율이 향상된다.

07

6 위에 베이컨을 한 장씩 올리고 토마토를 놓는다.

08

7 위에 마요네즈를 지그재그로 뿌린다.

09

8 위에 양파와 슬라이스치즈를 올린다.

10

마지막으로 가볍게 말아서 봉한다.

11

철판 위에 반죽을 옮기고 그 위에 실리콘 페이퍼를 덮는다.

12

실리콘 페이퍼 위에 철판을 올리고 살짝 눌러 모양을 잡은 후 굽는다.

CHEF's TIP

천연발효빵을 만들 때 가장 신경이 쓰이는 부분이 신맛이다. 위생과 영양적인 면에서는 반드시 필요한 맛이지만, 기호적인 면에서는 소비자의 외면을 받을 수도 있기 때문이다. 이럴 때 신맛을 감추는 방법을 사용하면 좋다. 기름진 식재료인 마요네즈, 슬라이스 치즈, 피자 치즈 등을 사용하면 매우 효과적이다.

올리브 푸카스

블랙올리브의 검은 색상에는 시력을 좋게 하고 눈 건강을 유지해 주는 비타민 A가 많다. 올리브의 엽산(비타민 B₉)은 임산부의 빈혈, 태아의 선천성 기형을 예방하며 치매나 암 예방에도 효과가 있다. 올리브의 철분도 빈혈 예방의 효과가 있다. 올리브의 올러유러핀(Oleuropein)은 항산화 물질로 활성 산소(유해 산소)가 강력한 산화 작용을 통해서 인체 내 모든 세포를 공격해 각종 질병을 막는다. 또한 피부 탄력에 좋고 노화를 방지하며, 칼슘 성분이 있어서 골다공증까지 예방한다. 블랙올리브에 많이 들어 있는 불포화 지방산인 리놀렌산은 체내에 쌓인 콜레스테롤 제거를 도와주고, 혈관을 튼튼하게 한다.

재료

강력분	500g
설탕	40g
소금	10g
버터	20g
분유	10g
계란	1개
사워종	400g
물	250g

속재료

블랙올리브	400g

150g / 8개 분량

주요 공정

믹싱
- 종 반죽: 사워종 준비
- 본 반죽: 최종 단계, 반죽 온도 26℃
  종 반죽과 본 반죽 재료를 넣고 믹싱
※ 1시간 실온 발효 후 펀치를 주고 30분 휴지

1차 발효
5℃, 24시간

분할
실온에서 1시간 후 150g씩 분할, 둥글리기
(반죽 온도를 15~16℃로 유지하기)

중간 발효
15분

성형 및 팬닝
① 밀대로 가볍게 밀고 올리브를 올린 후 반죽으로 감싸기
② 올리브가 터지지 않도록 주의하며 타원 모양으로 밀어 평철판에 올린 뒤 스크레이퍼에 올리브유를 바르고 나뭇잎 모양으로 성형

2차 발효
27~30℃, 75%, 60분

굽기
250℃/230℃ 예열 후 반죽을 넣고 스팀 후 240℃/210℃, 18분

Baking Point

01 믹싱: 가루 재료를 투입한다.

02 믹싱: 계란, 사워종 순으로 투입한다.

03 믹싱: 저속으로 돌리면서 물을 천천히 넣어 가며 되기를 조절한다.

04 믹싱을 완료하면 실온 발효하고 펀치한 뒤 휴지한다.

05 밀대를 이용하여 가볍게 편다.

06 블랙올리브를 50g씩 반죽에 올린다.

CHEF's TIP

반죽의 균질화와 되기 조절 방법은 다음과 같다.

① 모든 재료를 균일하게 분산해 혼합하기 위하여 가루 재료를 먼저 주걱으로 섞어 투입하거나 저속으로 돌린 후 액체 재료와 사워종을 넣고 믹싱한다.

② 계절적 요인에 따라 반죽의 되기가 달라지므로 믹서를 저속으로 돌리면서 물을 조금씩 투입하면서 되기를 조절한다.

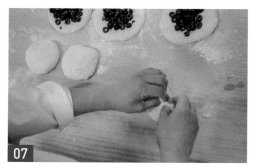

07 만두를 만들 듯이 블랙올리브를 감싼다.

08 블랙올리브가 터지지 않도록 주의하며 타원으로 편다.

09 스크레이퍼에 올리브유를 바르고 나뭇잎 모양을 낸다.

10 60분간 2차 발효한다.

11 오븐에 넣고 18분간 굽는다.

12 굽기 완료 후 표면에 올리브유를 바른다.

CHEF's TIP

2차 발효란?

정형 공정을 거치는 동안 불안정한 상태가 된 반죽을 온도 27~30℃, 상대 습도 75~80%의 발효실에 넣어 숙성시켜, 좋은 외형과 식감의 제품을 얻기 위해 완제품 부피의 70~80%까지 부풀리는 작업으로 발효의 최종 단계이다.

치킨 고구마 피타빵

자색 고구마의 붉은색에는 안토시아닌 성분이 많아 노화를 예방하고 면역 기능을 높여 준다. 고구마의 식이섬유는 장을 자극하고 배변을 촉진하여 변비를 개선하며, 칼륨은 체내에 쌓인 나트륨을 체외로 배출하는 작용을 하여 고혈압과 부기를 개선한다. 또한 베타카로틴은 몸속에 존재하는 암세포의 증식을 막아 주어 항암 효과가 있고 식이섬유는 대장암 예방 효과도 있으며, 비타민A는 피부 세포를 보호하며 피부 노화를 방지한다. 또한 야맹증이나 저하된 시력을 보호해 주고 피로 회복에도 도움이 된다. 고구마의 비타민C는 기미나 주근깨를 개선해 주며 주름살이나 여드름에도 좋다.

재료

프랑스 밀가루(T65)	450g
자색 고구마 분말	50g
소금	10g
사워종	400g
물	300g
올리브유	40g
검은깨	20g

치킨 충전물

스파이스 치킨	1000g
양배추	600g
피자 치즈	200g

79g / 16개 분량(2개가 한 쌍)

주요 공정

믹싱
- 종 반죽: 사워종 준비
- 본 반죽: 최종 단계, 반죽 온도 26℃
  종 반죽과 본 반죽 재료를 넣고 믹싱
  → 반죽이 완료되는 최종 단계 직후에 검은깨 투입
※ 1시간 실온 발효 후 펀치를 주고 30분 휴지

1차 발효
5℃, 24시간

분할
실온에서 1시간 후 80g씩 분할, 둥글리기
(반죽 온도를 15~16℃로 유지하기)

중간 발효
15분

성형 및 팬닝
원형으로 밀어 편 반죽 위에 치킨 충전물을 채우고 그 위에 반죽을 덮은 뒤 포크를 이용하여 봉하기

2차 발효
27~30℃, 75%, 60~90분

굽기
250℃/230℃ 예열 후 반죽을 넣고 스팀 후 240℃/210℃, 15분

01 재료를 투입한 후 믹싱한다.

02 최종 단계 직후에서 검은깨를 넣고 믹싱한다.

03 가볍게 둥글리고 휴지한다.

04 반죽을 79g씩 분할한다.

05 밀대를 사용하여 반죽을 원모양으로 편다.

06 반죽의 가장자리에 물을 바른다.

CHEF's TIP

반죽이 만들어지는 발전 단계는 다음과 같다.

① 밀가루와 원재료에 물을 첨가하여 균일하게 대충 혼합하는 픽업 단계
② 밀가루가 수화되어 반죽에 끈기와 글루텐이 형성되기 시작하는 클린업 단계
③ 탄력성이 최대로 증가하여 반죽이 강하고 단단해지는 발전 단계
④ 탄력성과 신장성이 가장 좋으며, 반죽이 부드럽고 윤이 나는 최종 단계

07 치킨 충전물 재료를 골고루 섞는다.

08 둥글게 편 반죽 가운데에 치킨 충전물을 올린다.

09 그 위에 약간 크게 밀어 편 반죽을 올린다.

10 반죽을 덮어 겹친 끝부분을 포크를 이용하여 봉한다.

11 60~90분 정도 2차 발효한다.

12 굽기가 완료된 빵은 타공판으로 옮겨서 식힌다.

CHEF's TIP

2차 발효의 시간을 결정하는 요소는 다음과 같다.

① 빵의 종류, 발효 미생물의 양, 제빵법, 반죽 온도, 발효실의 온도와 습도, 반죽의 숙성 정도, 반죽의 되기, 성형할 때 가스 빼기의 정도 등을 고려한다.

② 2차 발효의 시간은 통상 60~90분이 최적이다.

아이스

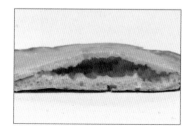

플랫 브레드(Flatbread)는 밀가루, 물, 소금으로 만들어지는 빵의 종류이다. 플랫(Flat)에서 연상되듯이 반죽은 얇고 평평한 것이 특징이다. 빵의 두께는 1mm부터 1cm까지 매우 다양하다. 플랫 브레드는 주로 두 종류가 있는데, 하나는 한 겹으로 이루어진 것이고, 또 다른 하나는 두 겹으로 이루어진 것이다. 한 겹으로 이루어진 플랫 브레드는 이스트가 들어가기도 하고 들어가지 않기도 하는 반면에 두 겹으로 이루어진 플랫 브레드는 대부분 이스트가 들어간다. 대부분의 플랫 브레드에는 공장제 이스트를 넣지 않지만, 피타 같은 예외도 있다. 카레 가루나 칠리 가루, 할라페뇨, 후추 같은 부재료를 사용하기도 하고 올리브유나 참기름을 사용할 수도 있다.

재료

프랑스 밀가루(T65)	500g
소금	8g
사워종	400g
물	450g

토핑물

잡곡 가루	350g

100g / 13개 분량

주요 공정

믹싱
- 종 반죽: 사워종 준비
- 본 반죽: 최종 단계, 반죽 온도 26℃
  종 반죽과 본 반죽 재료를 넣고 믹싱
※ 1시간 실온 발효

1차 발효
5℃, 24시간

성형 및 팬닝
실온에서 1시간 후 실리콘 페이퍼 위에 잡곡 가루를 올리고, 그 위에 짤주머니로 반죽을 100g씩 짜기(반죽 온도는 15~16℃로 유지)

2차 발효
27~30℃, 75%, 60~90분

굽기
250℃ /170℃, 15분

믹싱: 가루 재료를 투입한다.

믹싱: 사워종을 투입한다.

믹싱: 믹서 볼 주변을 긁으면서 믹싱한다.

믹싱 완료 후 반죽의 점성과 탄성을 확인한다.

완료된 반죽은 볼에 담아 래핑한다.

5℃ 냉장에서 24시간 동안 1차 발효한다.

CHEF's TIP

반죽의 흡수율에 영향을 미치는 요소는 다음과 같다.

① 밀가루 단백질이 1% 증가하면 반죽의 물 흡수율은 1.5~2% 증가한다.

② 손상 전분이 1% 증가하면 반죽의 물 흡수율은 2% 증가한다.

③ 설탕이 5% 증가하면 반죽의 물 흡수율은 1% 감소한다.

④ 분유가 1% 증가하면 반죽의 물 흡수율은 1% 증가한다.

⑤ 소금을 픽업 단계에 넣으면 글루텐이 단단하게 되어 반죽의 물 흡수율이 감소한다.

07

24시간 저온 발효하여 기포가 생성된 반죽의 상태를 확인한다.

08

실리콘 페이퍼 위에 잡곡 가루를 올린다.

09

반죽을 짤주머니에 옮겨 담는다.

10

미리 준비한 잡곡 가루 위에 반죽을 100g씩 짠다.

11

1시간 동안 2차 발효한다.

12

굽기 완료 후 타공판으로 옮겨 식힌다.

CHEF's TIP

2차 발효 시간이 지나치면 제품에 다음과 같은 결과가 나타난다.

① 완제품의 부피가 지나치게 커지거나 혹은 작아진다.
② 완제품의 껍질색이 옅어진다.
③ 부피가 커지면 기공이 거칠어지고 부피가 작으면 기공이 조밀해진다.
④ 기공이 모여 만들어지는 내상의 조직은 나빠진다.
⑤ 과다한 산의 생성으로 향의 기호성이 떨어진다.

치즈 프레첼

강력쌀가루를 사용하는 것은 건강 기능성 측면보다 쌀 자체에 대한 심리적 효능이 크다. 쌀의 건강 기능성은 어떤 상태의 쌀을 먹느냐에 달려 있다. 현재 강력쌀가루는 거의 13분도인데 이 쌀의 건강 기능성은 기대할 게 없다. 결론적으로 백미보다는 전체(백미+쌀눈+쌀겨)가 약(藥)이라는 것이다. 최소 7분도나 쌀눈 쌀(배아 미(米) 혹은 9분도로 도정했지만, 쌀눈(배아)이 70% 살아 있는 쌀)을 기준으로 쌀의 효능을 적으면 다음과 같다. 쌀은 우리 민족의 오랜 에너지원이다. 식이섬유는 물론 단백질, 지방, 비타민이 풍부해 건강을 지켜 주는 생명원이다. 나아가 성인병을 억제하는 성분들이 있다.

재료

프랑스 밀가루(T65)	380g
강력쌀가루	120g
설탕	12g
소금	9g
사워종	400g
물	250g
올리브유	45g

소스

마요네즈	250g
설탕	12g
우유	60g
계란	120g

150g / 8개 분량

주요 공정

믹싱	• 종 반죽: 사워종 준비 • 본 반죽: 최종 단계, 반죽 온도 26℃ 　종 반죽과 본 반죽 재료를 넣고 믹싱 　→ 올리브유는 클린업 단계 직후에 조금씩 넣으면서 저속으로 믹싱 ※ 1시간 실온 발효 후 펀치하고 30분 휴지
1차 발효	5℃, 24시간
분할	실온에서 1시간 후 150g씩 분할, 둥글리기(반죽 온도 15~16℃로 유지)
중간 발효	15분
성형 및 팬닝	가볍게 말아서 가운데는 두껍고 양쪽은 가늘게 밀어 양끝을 교차시킨 후 꼬아서 가운데 부분에 붙여 프레첼 모양으로 성형
2차 발효	27~30℃, 75%, 60분
굽기	230℃/190℃ 12분
마무리	구워져 나오면 소스를 바르고 파마산 치즈를 뿌려서 마무리

01 가루 재료, 사워종, 물을 넣어 믹싱한다.

02 클린업 단계에서 올리브유를 조금씩 첨가하며 믹싱한다.

03 성형: 가볍게 눌러 말아 준다.

04 성형: 가운데보다 양끝을 얇게 민다.

05 성형: 양끝을 아래로 내린다.

06 성형: 양끝을 한번 교차한다.

CHEF's TIP

브레첼(프레첼)의 기원에는 여러 가지 설이 있다

첫 번째, 브레첼은 독일 바덴 지방의 구움 과자가 퍼진 것이라는 설이다. 두 번째는 독일과의 국경에 가까운 프랑스 알자스에서 유래했다는 설도 있다. 세 번째는 중세 유럽에서 만들어졌다고 하는 설도 있고, 그 이외에 로마 제국이라고 하는 설이나 켈트족의 과자였다고 하는 설 등 다양하다.

07 성형: 6에서 한 번 더 꼬아 위로 올려 붙인다.

08 성형: 반죽 위에 물을 묻힌 후 치즈를 묻힌다.

09 2차 발효한다.

10 거품기를 이용해 소스 재료를 섞는다.

11 굽기 완료 후 소스를 바른다.

12 소스를 바른 후 파마산 치즈를 골고루 뿌린다.

CHEF's TIP

브레첼의 모양에 관해서도 다양한 이야기가 전해진다.

① 기원 후 610년, 한 이탈리아 수도사가 기도를 잘한 어린이들을 위한 상으로 브레첼을 만들었다고 한다. 그는 그 빵을 기도하는 손의 모양으로 만들어 라틴어로 '작은 보상'을 의미하는 'pretiola'라고 이름 붙였다.

② 브레첼은 빵가게의 상징으로 자주 가게의 간판이나 마크에 사용된다. 일찍이 독일에서는 3개의 고리를 연결한 간판이 빵가게의 상징으로 사용되었지만, 브레첼의 형태가 간판으로 사용되었는지, 브레첼이 간판의 형태에 의해 만들어졌는지 확실치 않다.

감자 난

감자의 껍질에 있는 폴리페놀의 일종인 클로로겐산은 암과 관련이 있는 세포의 돌연변이를 막아 주며 염증이나 암세포의 증식에 영향을 끼치는 발암 단백질의 활성화를 줄여 주기 때문에 각종 암을 예방한다. 감자의 비타민 C는 활성 산소를 억제하는 효과가 있으며 콜라겐 조직을 강화시켜 피부 노화를 방지해 주며 멜라닌 색소의 형성과 침착을 막는 효과가 있어 피부 미용에 효과적이다. 감자의 풍부한 식이섬유는 장내 환경을 개선시켜 주며 장의 연동 운동을 원활하게 해 배변 활동을 개선한다.

재료

강력쌀가루	500g
소금	10g
찐 감자	200g
파슬리	3g
사워종	400g
올리브유	10g
물	280g

토핑물

시아스 감자샐러드	320g
블랙올리브	160g
마요네즈	160g
피자치즈	240g

160g / 8개 분량

주요 공정

믹싱
- 종 반죽: 사워종 준비
- 본 반죽: 최종 단계, 반죽 온도 26℃
  종 반죽과 본 반죽 재료를 넣고 믹싱
  → 반죽이 완료되는 최종 단계 직후 쪄서 다진 감자 투입
※ 1시간 실온 발효 후 펀치하고 30분 휴지

1차 발효
5℃, 24시간

분할
실온에서 1시간 후 160g씩 분할, 둥글리기(반죽 온도 15~16℃로 유지)

중간 발효
15분

성형 및 팬닝
밀대로 밀어 타원 모양으로 만든 후 평철판에 올린 뒤 크기 조절하기

2차 발효
27~30℃, 75%, 60분

굽기
250℃/230℃ 예열 후 반죽을 넣고 스팀 후 240℃/210℃, 15분

마무리
구워져 나오면 올리브유 바르기

01 가루 재료와 사워종을 투입한 후 저속으로 믹싱한다.

02 믹싱하면서 물을 붓고 올리브유를 넣는다.

03 최종 단계 직후에 다진 찐 감자를 넣고 균일하게 섞는다.

04 믹싱 완료 후 가볍게 접어서 1시간 실온 발효 후 펀치한다.

05 분할 후 가볍게 둥글린 반죽을 밀대로 가볍게 민다.

06 철판으로 옮겨서 크기를 맞춘다.

CHEF's TIP

난(naan)은 인도, 중앙아시아의 타지키스탄, 중국 신장 위구르 자치구, 우즈베키스탄, 아프가니스탄, 이란 등에서 먹는 빵의 하나이다. 우즈베키스탄과 타지키스탄에서는 빵을 '논'(non)이라 부르는데, 이 말은 페르시아어 '넌'의 발음이 우즈베크어와 타지크어에서 '논'으로 변화한 것이다.

07

손가락에 올리브유를 바른 후 반죽에 묻힌다.

08

감자샐러드를 스패튤라(Spatula)를 이용해 펴 바른다.

09

감자 샐러드를 바른 위에 마요네즈를 뿌린다.

10

블랙올리브를 올리고 마지막에 피자치즈를 올린다.

11

오븐에 넣고 15분간 굽는다.

12

굽기 완료 후 올리브유를 바르고 마무리한다.

CHEF's TIP

난은 밀가루로 반죽하여 둥글고 평평하게 모양을 만들어 화덕에 구운 다음 깨나 향신료 등을 뿌리면 요리가 끝난다. 그냥 먹으면 약간 질기고 밋밋한 맛이지만 따뜻한 차 등에 불려서 소스에 찍어 먹으면 부드럽고 다양한 맛을 느낄 수 있다. 모양이 납작하여 휴대가 간편하고 완제품의 수분 함량이 적어 한두 달 정도는 상하지 않게 보관할 수 있다.

콩돌이 포카치아

칙피베기는 이집트콩을 당절임한 것으로 우리나라에서는 일명 '병아리 콩'으로 유명하다. 서양에서는 채식주의자들이 많이 즐기는 식품이기도 하다. 칙피(chickpea)의 풍부한 식이 섬유소는 포만감을 높여 체중 조절에 효과적이다. 칙피는 비타민 B_1, 비타민 C도 풍부하여 피로 회복에 효과적이다. 또 비타민 C는 면역력을 높여 준다. 칙피의 칼륨은 체내에 축적된 나트륨을 체외로 배출하여 고혈압 예방에도 효과적이다. 칙피에는 아르기닌 성분이 있는데 중성 지방의 연소를 촉진하고 혈관을 확장시켜 혈관 질환 예방에 효과적이다. 또한 칙피에는 우유보다 6배나 많은 칼슘이 들어 있어 여성의 골다공증을 예방하는 데 효과적이다.

재료

강력분	688g
감자분말	120g
소금	16g
사워종	800g
물	700g
올리브유	80g
칙피베기	125g
완두베기	62g
팥베기	62g

35cmx10cm / 7개 분량

주요 공정

믹싱
- 종 반죽: 사워종 준비
- 본 반죽: 최종 단계, 반죽 온도 26℃
  종 반죽과 본 반죽 재료를 넣고 믹싱
  → 올리브유는 클린업 단계 직후에 조금씩 넣으면서 저속으로 믹싱
  → 반죽이 완료되는 최종 단계 직후 부재료 투입
  ※ 1시간 실온 발효 후 펀치하고 30분 휴지

1차 발효
5℃, 24시간

분할
실온에서 1시간 후 세로 35cm, 가로 70cm 크기의 직사각형 형태로 만들기(반죽 온도는 15~16℃ 유지)

중간 발효
15분

성형 및 팬닝
가로 길이가 10cm인 스틱형으로 재단한 후 꼬기

2차 발효
27~30℃, 75%, 60~90분

굽기
250℃/230℃ 예열 후 반죽을 넣고 스팀 후 240℃/210℃, 15분

최종 단계에서 칙피, 완두, 팥을 넣고 저속으로 믹싱한다.

실온 1시간 후 가볍게 펀치한다.

펀치 후 넓게 편다.

5℃ 냉장에서 24시간 1차 발효한다.

1차 발효 후 면포 위에 반죽을 놓는다.

세로 35cm, 가로 70cm의 직사각형을 만든다.

CHEF's TIP

포카치아(Focaccia)는 오븐에 굽는 이탈리아의 평평한 빵이다. 피자 도우와 질감과 스타일이 비슷하다. 주로 허브를 곁들이며, 올리브 등의 다른 재료도 곁들일 수 있다.

포카치아는 특히 이탈리아에서 유명하며, 올리브유, 소금, 허브 등으로 양념하거나, 피자와 비슷하게 양파, 치즈, 고기 등의 여러 재료로 토핑을 하며 야채를 곁들이기도 한다. 포카치아는 많은 코스 요리에서 피자 대신 사이드 디시(Side-dish)로 제공된다.

07 가로 길이 10cm씩 재단한다.

08 반죽에 덧가루를 묻힌다.

09 양끝을 잡고 꼰다.

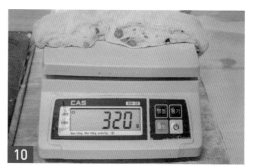

10 스틱 1개당 분할 중량은 약 320g 정도이다.

11 2차 발효 후 15분간 굽는다.

12 굽기 완료 후 타공판으로 옮겨 식힌다.

CHEF's TIP

가장 잘 알려진 포카치아는 소금 포카치아이고, 포카치아의 모양은 손으로 만들며 다른 플랫 브레드에 비해서 반죽이 두꺼운 편이다. 반죽이 만들어지면 주로 돌 오븐에 굽지만 다른 종류의 오븐으로 구워도 된다. 굽기 전에 흔히 손가락이나 포크의 손잡이로 포카치아 반죽에 점을 찍는 것을 볼 수 있는데, 점을 찍으면 빵 반죽 속의 습기를 보존하여 빵 속을 촉촉하게 만든다. 그리고 올리브유를 반죽 위에 바르기도 하고 굽기 시 빵 표면에 거품이 생기는 것을 방지하기 위해 반죽에 칼로 구멍을 내기도 한다.

허브 포카치아

파슬리의 비타민 A와 비타민 C를 꾸준히 섭취하면 주근깨와 기미를 없애고 거친 피부를 매끄럽게 해 피부 미용에 좋다. 파슬리의 식이 섬유는 변비를 예방하고 개선하여 장을 편하게 한다. 파슬리의 칼슘, 철분, 비타민 B_1, 비타민B_2 등은 심장병, 뇌졸중 등 각종 성인병을 예방한다. 또 철분은 빈혈을 예방하고 개선하며, 칼륨은 혈압을 안정시킨다. 파슬리의 칼슘과 마그네슘 및 다양한 미네랄은 신경을 안정시켜 심신 안정 효과가 있다. 파슬리는 마늘 냄새를 이기는 유일한 식품으로 마늘, 흡연, 음주 뒤 파슬리를 몇 번 씹으면 구취가 완화된다.

재료

강력분	1000g
박력분	250g
소금	24g
사워종	1000g
물	900g
올리브유	66g
허브	10g
파슬리	10g

철판 1장

주요 공정

믹싱
- 종 반죽: 사워종 준비
- 본 반죽: 최종 단계, 반죽 온도 26℃
  종 반죽과 본 반죽 재료를 넣고 믹싱
  → 올리브유는 클린업 단계 직후에 조금씩 넣으면서 저속으로 믹싱
※ 1시간 실온 발효 후 펀치하고 30분 휴지

성형 및 팬닝
철판에 올리브유를 바르고 반죽 팬닝

1차 발효
5℃, 24시간 발효 후 냉장고에서 꺼내어 실온에서 1시간 두기
(반죽 온도를 15~16℃로 유지하기)

2차 발효
27~30℃, 75%, 30분

굽기
250℃/230℃ 예열 후 반죽을 넣고 스팀 후 230℃/210℃, 25분

마무리
올리브유를 바르고 식힌 후 8등분

01

믹싱 완료 후 가볍게 접어서 1시간 실온 발효한다.

02

1시간 실온 발효 후 반죽의 상태를 확인한다.

03

가볍게 펀치를 주고 30분간 실온 발효한다.

04

철판에 올리브유를 바른다.

05

반죽을 철판으로 옮긴다.

06

철판에 꽉 차도록 반죽을 늘린다.

CHEF's TIP

평균적인 피자와 포카치아의 가장 큰 차이점을 보면 피자 반죽에는 매우 소량의 이스트만 첨가하는 것에 비하여 포카치아 반죽은 많은 양의 이스트를 첨가한다는 점이다. 많은 양의 이스트를 첨가한 포카치아 반죽은 더 바삭해지고 많은 올리브유를 흡수할 수 있도록 한다. 그에 비해 이스트가 적게 첨가된 피자 반죽은 많은 양의 올리브유를 흡수하기에는 조직이 매우 조밀하다.

07 철판 위를 래핑한다.

08 5℃ 냉장에서 24시간 발효한다.

09 냉장고에서 꺼낸 후 상온에서 1시간 휴지한다.

10 굽기 완료 후 올리브유를 바른다.

11 상온에서 식힌다.

12 8등분하여 판매한다.

CHEF's TIP

2차 발효에서 발효실 온도가 높으면 제품에 다음과 같은 결과가 나타난다.

① 반죽에 생성된 에틸알코올이 산화하여 초산이 만들어지고 그로 인하여 반죽은 지나치게 산성을 띠게 된다.

② 반죽의 껍질이 산성화되면 완제품의 색이 밝으며 껍질이 두꺼워진다.

③ 반죽의 속과 껍질에 발효 차이가 나타나 분리 현상이 일어난다.

④ 반죽의 발효 속도가 빨라진다.

허니 버터 포카치아

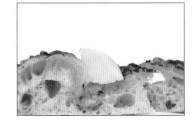

꿀의 마그네슘은 천연 진정제로 스트레스로 인한 불면을 완화하여 숙면을 취할 수 있게 하고 관절통, 신경통 등의 통증 완화에도 도움이 된다. 꿀의 칼륨은 체내에 쌓인 나트륨을 체외로 배출시키는 작용을 하여 고혈압을 개선하는 효능이 있다. 꿀의 철분은 혈액을 구성하는 성분으로 빈혈을 개선 및 예방한다. 꿀은 포도당과 과당이 적절하게 구조화되어 있어 근육 피로를 감소시키며, 포도당과 과당 흡수율이 뛰어나 에너지를 지속적으로 발생시킨다. 꿀의 다양한 미네랄과 비타민은 피부 진정 효과가 있고 피부 트러블을 개선하는 효과도 있다.

재료

프랑스 밀가루(T65)	950g
전립분	50g
소금	20g
오레가노 분말	5g
사워종	900g
물	700g
올리브유	80g

허니 버터

버터	500g
꿀	250g

225g / 12개 분량

주요 공정

믹싱
- 종 반죽: 사워종 준비
- 본 반죽: 최종 단계, 반죽 온도 26℃
  종 반죽과 본 반죽 재료를 넣고 믹싱
  → 올리브유는 클린업 단계 직후에 조금씩 넣으면서 저속으로 믹싱
※ 1시간 실온 발효 후 펀치하고 30분 휴지

1차 발효
5℃, 24시간

분할
실온에서 1시간 후 225g씩 분할한 다음 둥글리기
(반죽 온도를 15~16℃로 유지하기)

중간 발효
15분

성형 및 팬닝
손가락으로 가볍게 누르면서 두께 맞추기

2차 발효
27~30℃, 75%, 60~90분

굽기
- 굽기 전: 손가락에 올리브유를 묻혀 가볍게 누른 후 허니 버터와 감자, 피자치즈를 올리고 파슬리 뿌리기
- 굽기: 250℃/230℃ 예열 후 반죽을 넣고 스팀 후 240℃/210℃, 15분

Baking Point

01 반죽 완료 후 가볍게 접어서 1시간 실온 발효한다.

02 펀치 후 30분간 휴지한다.

03 실온에서 1시간 후 225g씩 분할한다.

04 가볍게 둥글린다.

05 손바닥으로 가볍게 누른다.

06 손가락으로 가볍게 누르면서 두께를 맞춘다.

CHEF's TIP

- 허니 버터 제조하기: 포마드 상태로 만든 버터에 꿀을 넣어 섞은 후 냉장고에서 굳혀 재단해서 만든다.
- 올리브 포카치아 제조 시 올리브 열매를 먼저 올리고 피자 치즈를 올린 다음 구우면 올리브 열매가 마르는 것을 막아 준다.

07 60~90분 정도 2차 발효한다.

08 손가락에 올리브유를 묻혀 누른다.

09 허니 버터를 5개 정도 올린다.

10 허니 버터 사이사이에 감자를 올리고 피자치즈를 뿌린다.

11 파슬리를 뿌려서 마무리한다.

12 굽기 완료 후 올리브유를 바르고 식힌다.

CHEF's TIP

2차 발효에서 발효실 온도가 낮으면 제품에 다음과 같은 결과가 나타난다.

① 반죽 껍질의 막이 두꺼워지고 그로 인하여 오븐 팽창도 나빠진다.

② 발효 미생물의 활동성에 영향을 미쳐 발효 시간이 길어진다.

③ 발효 산물의 축적이 적어져 풍미의 생성이 충분하지 않다.

④ 완제품의 겉면이 거칠어진다.

할라페뇨 치아바타

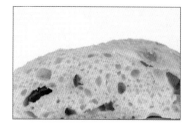

할라페뇨의 캡사이신(Capsaicin)은 매운 맛으로 혀와 위장을 자극하여 식욕을 증진시키는 효과가 있다. 또한 흡수도 빨리 되어 중추 신경을 자극해 호르몬의 분비를 촉진한다. 그 결과 에너지 대사가 활발해져 체내의 지방 분해가 촉진된다. 고추를 먹은 후 몸이 뜨거워지거나 땀이 나는 것은 이 때문으로, 운동할 때처럼 열에너지가 발생하여 체외로 방출되면서 지방과 당을 연소시키는 작용으로 체중 감량의 효과가 있다. 또한 체내 소화기관의 살균과 위를 건강하게 하는 작용을 하며 몸을 따뜻하게 하는 효과가 있다. 동시에 체내에 축적된 피로 물질도 분해되기 쉬워지기 때문에 피로 회복에도 도움이 된다.

재료

프랑스 밀가루(T65)	550g
강력분	150g
소금	11g
사워종	600g
물	450g
올리브유	70g
할라페뇨	220g

250g / 8개 분량

주요 공정

믹싱
- 종 반죽: 사워종 준비
- 본 반죽: 최종 단계, 반죽 온도 26℃
  종 반죽과 본 반죽 재료를 넣고 믹싱
  → 올리브유는 클린업 단계 직후에 조금씩 넣으면서 저속으로 믹싱
  → 반죽이 완료되는 최종 단계 직후에 부재료 투입
  ※ 1시간 실온 발효 후 펀치하고 30분 휴지

1차 발효
5℃, 24시간

분할
실온에서 1시간 후 250g씩 분할한 다음 둥글리기
(반죽 온도를 15~16℃로 유지하기)

중간 발효
15분

성형 및 팬닝
가볍게 접어서 말아준 후 반죽 위에 물을 묻히고
에멘탈 치즈 슈레드(shred) 묻히기

2차 발효
27~30℃, 75%, 60~90분

굽기
250℃/230℃ 예열 후 반죽을 넣고 스팀 후 240℃/210℃, 15분

가루 재료, 사워종, 액체 재료 등을 넣고 믹싱한다.

최종 단계에서 할라페뇨를 넣는다

반죽 완료 후 가볍게 접어서 1시간 실온 발효한다.

펀치하고 30분간 휴지 후 5℃ 냉장에서 24시간 동안 1차 발효한다.

1차 발효 후 실온에서 1시간 휴지 후 분할하여 둥글린다.

할라페뇨가 골고루 들어가도록 250g씩 분할한다.

CHEF's TIP

반죽 시간에 영향을 미치는 요소 (1)

① 사전 반죽이나 사워종이 많이 들어가면 반죽 시간이 짧아진다.

② 반죽기의 회전 속도가 느리고 반죽량이 많으면 반죽 시간이 길어진다.

③ 소금을 클린업 단계 이후에 넣으면 반죽 시간이 짧아진다.

④ 설탕의 양이 많아지면 반죽의 구조가 약해지므로 반죽 시간이 길어진다.

⑤ 분유와 우유의 양이 많아지면 단백질의 구조를 강하게 하여 반죽 시간이 길어진다.

07

반죽을 가볍게 접어서 만다.

08

반죽 위에 물을 묻힌다.

09

에멘탈 치즈 슈레드를 묻힌다.

10

60~90분 정도 2차 발효한다.

11

굽기 중간에 착색을 확인하고 골고루 착색되도록 한다.

12

굽기 완료 후 타공판으로 옮겨 식힌다.

CHEF's TIP

반죽 시간에 영향을 미치는 요소 (2)

⑥ 유지(올리브유)를 클린업 단계 이후에 넣으면 반죽 시간이 짧아진다.

⑦ 물 사용량이 많아 반죽이 질어지면 반죽 시간이 길어진다.

⑧ 반죽 온도가 높아질수록 반죽 시간이 짧아진다.

⑨ pH 5.0 정도에서 글루텐이 가장 질기고 반죽 시간이 길다.

⑩ 밀가루 단백질 양이 많고, 질이 좋고 숙성이 잘 되었을수록 반죽 시간이 길어진다.

올리브 치아바타

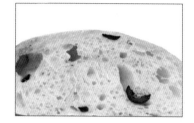

올리브의 안토시아닌은 식물의 잎, 줄기, 뿌리, 꽃, 과일 등 모든 조직에 생기는 수용성 물질로 주로 꽃과 과일에 많다. 플라보노이드(flavonoids)계 물질로 냄새와 맛은 없다. 안토시아닌은 식물의 각 기관에서 각기 다른 기능을 하는데, 열매에서는 색으로서 기능을 하며, 동물을 유인해 씨앗을 퍼트리게 한다. 꽃에서도 색으로의 기능을 하며 곤충을 유인해 꽃가루를 옮기게 만든다. 잎에서는 강한 자외선을 막아 주며, 식물의 세포 조직에서는 활성 산소를 없애는 항산화제로도 작용한다. 이런 안토시아닌은 이탈리아인들이 지방을 많이 섭취함에도 불구하고 심혈관 질환 사망률이 낮은 '이태리 패러독스'가 생긴 원인이다.

재료

프랑스 밀가루(T65)	550g
강력분	150g
소금	11g
사워종	600g
물	450g
올리브유	70g
블랙올리브	200g

250g / 8개 분량

주요 공정

믹싱
- 종 반죽: 사워종 준비
- 본 반죽: 최종 단계, 반죽 온도 26℃
  종 반죽과 본 반죽 재료를 넣고 믹싱
  → 올리브유는 클린업 단계 직후에 조금씩 넣으면서 저속으로 믹싱
  → 반죽이 완료되는 최종 단계 직후에 부재료 투입
  ※ 1시간 실온 발효 후 펀치하고 30분 휴지

1차 발효
5℃, 24시간

분할
실온에서 1시간 후 250g씩 분할한 다음 둥글리기
(반죽 온도를 15~16℃로 유지하기)

중간 발효
15분

성형 및 팬닝
가볍게 접어서 만 후 이음매 봉하기

2차 발효
27~30℃, 75%, 60~90분

굽기
250℃ /230℃ 예열 후 반죽을 넣고 스팀 후 240℃/210℃, 15분

Baking Point

01

최종 단계에서 블랙올리브를 넣고 저속으로 균일하게 섞는다.

02

믹싱 완료 후 가볍게 접어서 1시간 실온 발효한다.

03

1시간 실온 발효 후 펀치한다.

04

5℃ 냉장 온도에서 24시간 1차 발효한다.

05

블랙올리브가 골고루 들어가도록 하면서 250g씩 분할한다.

06

손에 올리브유를 바르고 반죽을 안으로 가볍게 말아 둥글린다.

CHEF's TIP

반죽 과정에서 나타나는 물리적 성질은 다음과 같다.

① 탄력성: 성형 단계에서 본래의 모습으로 되돌아가려는 성질
② 점탄성: 점성과 탄력성을 동시에 가지고 있는 성질
③ 흐름성: 반죽이 팬 또는 용기의 모양이 되도록 흘러 모서리까지 차게 하는 성질
④ 가소성: 반죽이 성형 과정에서 형성되는 모양을 유지하려는 성질

반죽을 가볍게 눌러 편 후 접는다.

가볍게 접은 반죽을 말아 봉한 후 실리콘 페이퍼 위에 옮긴다.

수분 손실을 막기 위해 면포를 덮는다.

발효실에서 2차 발효한다.

굽기 중간에 착색을 보며 골고루 착색이 되도록 한다.

굽기 완료 후 타공판으로 옮겨 식힌다

CHEF's TIP

반죽의 물리적 성질을 확인하는 시험 기계는 다음과 같다.

① 믹소그래프(mixograph): 반죽하는 동안 글루텐의 발달 정도를 측정하는 기계
② 아밀로그래프(amylograph): 온도 변화에 따라 밀가루의 a-아밀라제의 효과를 측정하는 기계
③ 익스텐시그래프(Extensigraph): 반죽의 신장성에 대한 저항을 측정하는 기계
④ 레오그래프: 반죽의 기계적 발달을 할 때 일어나는 변화를 측정하는 기계
⑤ 패리노그래프(farinograph): 글루텐의 흡수율, 글루텐의 질, 믹싱 시간을 측정하는 기계

먹물 롤치즈 치아바타

치즈는 우유보다 칼슘이 훨씬 풍부하게 함유되어 있어서 성장기 어린이들의 뼈 형성과 노인들의 골다공증 예방 등 뼈 건강에 도움을 준다. 치즈에 함유되어 있는 비타민B는 지방을 연소시키는 효과가 있고, 식이섬유는 신진대사를 촉진시키고 장운동을 원활하게 하기 때문에 장을 튼튼하게 한다. 또한 몸속 숙변을 배출시켜 변비 예방에도 효과가 있으며 다이어트 및 체중 조절에도 도움을 준다. 치즈에는 풍부한 단백질과 칼슘, 인이 플라그를 일으키는 유기산을 중화하는 효과가 있고, 충치의 형성을 막는 카세인이 함유되어 있어 충치 예방에도 도움이 된다. 하지만 치즈에는 나트륨과 지방이 들어 있어 과다 섭취 시 성인병과 비만을 유발할 수 있다.

재료

프랑스 밀가루(T65)	550g
강력분	150g
먹물	10g
소금	11g
사워종	600g
물	450g
올리브유	70g
체다치즈	200g

토핑물

찹쌀가루	100g
파마산 치즈가루	100g
에멘탈치즈	100g

충전물

롤치즈	200g

250g / 10개 분량

주요 공정

믹싱
- 종 반죽: 사워종 준비
- 본 반죽: 최종 단계, 반죽 온도 26℃
  종 반죽과 본 반죽 재료를 넣고 믹싱
  → 올리브유는 클린업 단계 직후에 조금씩 넣으면서 저속으로 믹싱
  → 반죽이 완료되는 최종 단계 직후에 부재료 투입
※ 1시간 실온 발효 후 펀치하고 30분 휴지

1차 발효
5℃, 24시간

분할
실온에서 1시간 후 250g씩 분할한 다음 둥글리기
(반죽 온도를 15~16℃로 유지하기)

중간 발효
15분

성형 및 팬닝
롤치즈 20g을 넣고 가볍게 접어서 만 후
반죽 위에 물을 묻히고 토핑물을 묻히기

2차 발효
27~30℃, 75%, 60~90분

굽기
250℃/230℃ 예열 후 반죽을 넣고 스팀 후 240℃/210℃, 15분

01 가루 재료, 사워종, 액체 재료, 먹물을 넣고 믹싱한다.

02 최종 단계에서 체다 치즈를 넣고 저속으로 균일하게 섞는다.

03 반죽 완료 후 가볍게 접는다.

04 실온 발효 1시간 후 펀치한다.

05 250g씩 분할한다.

06 분할한 반죽을 가볍게 둥글린다.

CHEF's TIP

체다치즈는 영국 서머싯주의 체다(Cheddar) 지방에서 유래한 것으로, 영국뿐만 아니라 미국과 호주 등 전 세계 각지에서 생산되고 있다. 많은 지역에서 생산되고 있기 때문에, 같은 '체다치즈'라는 명칭을 사용하더라도 저지방 치즈부터 고지방 치즈까지 종류가 다양하다. 체다치즈는 일반적으로 강한 맛을 지니며, 단단한 형태를 띤다.

07 롤치즈를 20g씩 반죽에 올린다.

08 롤치즈가 균일하게 들어가도록 가볍게 접는다.

09 접어준 반죽을 가볍게 만 후 이음매를 봉한다.

10 반죽 윗면에 물을 묻힌 후 토핑물을 묻힌다.

11 발효실에서 2차 발효한다.

12 굽기 완료 후 타공판에 옮겨 식힌다.

CHEF's TIP

'체다'는 치즈를 생산하는 방법에 따라 크게 두 가지 종류로 나눈다. 하나는 전통적인 치즈 장인이 만드는 장인 치즈(Artisanal cheese)이고, 다른 하나는 저가로 대량 생산되는 산업 치즈(Industrial cheese)이다. 장인 치즈는 시간이 지나면서 맛이 다양해지고 깊어진다. 현재 생산되는 체다치즈의 대부분을 차지하는 산업 치즈는 식품 첨가물로 맛이 조절되는데, '마일드', '스트롱', '올드'를 포장지에 기입하여 맛을 나타낸다.

감자 치아바타

감자에 함유된 무기질 중 가장 많은 칼륨(Potassium, K)은 뇌에 산소를 보내는 역할을 하여 뇌의 기능을 좋게 한다. 몸속 노폐물의 처리를 돕고, 혈압을 떨어뜨린다. 또한 칼륨은 혈관 벽의 긴장을 풀어 혈관을 확장하는 작용을 하여 심장의 박동을 정상으로 유지해 주고 근육과 신경의 흥분성을 정상으로 유지하도록 돕는다. 칼륨은 나트륨과는 달리 혈압을 낮추는 기능이 있다. 즉 체내에서 상호 의존적으로 작용하여 소변 중 나트륨 배설을 증가시켜 혈압을 낮추는 효과가 있다. 따라서 칼륨 섭취는 고혈압의 예방과 치료에 효과적이다.

재료

프랑스 밀가루(T65)	550g
강력분	150g
소금	11g
사워종	600g
물	450g
올리브유	70g
구운 감자	200g

250g / 8개 분량

주요 공정

믹싱
- 종 반죽: 사워종 준비
- 본 반죽: 최종 단계, 반죽 온도 26℃
  종 반죽과 본 반죽 재료를 넣고 믹싱
  → 올리브유는 클린업 단계 직후에 조금씩 넣으면서 저속으로 믹싱
  → 반죽이 완료되는 최종 단계 직후에 부재료 투입
  ※ 1시간 실온 발효 후 펀치하고 30분 휴지

1차 발효
5℃, 24시간

분할
실온에서 1시간 후 250g씩 분할한 다음 둥글리기
(반죽 온도를 15~16℃로 유지하기)

중간 발효
15분

성형 및 팬닝
가볍게 접어서 만 후 이음매 봉하기

2차 발효
27~30℃, 75%, 60~90분

굽기
- 굽기 전: 반죽 윗면에 모양 틀을 얹고 채로 코코아 뿌리기
- 굽기: 250℃/230℃ 예열 후 반죽을 넣고 스팀 후 240℃/210℃, 15분

01 모든 재료를 넣고 저속으로 1분 믹싱 후 고속으로 믹싱한다.

02 믹싱하는 동안 발효실에 들어갈 통 안에 올리브유를 골고루 바른다.

03 클린업 단계에서 올리브유를 소량씩 넣으면서 믹싱한다.

04 최종 단계에서 구운 감자를 넣고 저속으로 균일하게 섞는다.

05 반죽 완성 후 가볍게 접고 1시간 실온 발효한다.

06 1시간 실온 발효 후 펀치를 주고 30분간 휴지한 다음 1차 발효한다.

CHEF's TIP

강력분과 박력분을 만드는 밀의 종류는 다음과 같다.

① 강력분을 만들 때 사용하는 밀은 경춘밀(spring red hard wheat)이다.
즉 봄에 파종하고 밀알의 색은 적색을 띠고 밀알이 단단하다.

② 박력분을 만들 때 사용하는 밀은 연동밀(Winter white soft wheat)이다.
즉 겨울에 파종하고 밀알의 색은 흰색을 띠고 밀알이 부드럽다.

07 실온 휴지 시 반죽 온도가 15~16℃가 되면 분할한다.

08 반죽은 가볍게 접은 후 만다.

09 성형이 끝난 반죽은 실리콘 페이퍼로 옮긴 후 면포를 덮는다.

10 60~90분간 2차 발효한다.

11 반죽 윗면에 모양 틀을 얹고 체로 코코아파우더를 뿌린다.

12 굽기 완료 후 완제품을 냉각한다.

CHEF's TIP

밀알의 구조

① 배아: 밀의 2~3%를 차지하며 지방이 많아 밀가루의 저장성을 나쁘게 하므로 제분 시 분리한다.

② 껍질: 밀의 14%를 차지하고 제분 과정에서 분리되며, 소화가 되지 않는 셀룰로오스, 회분과 빵 만들기에 적합하지 않은 메소닌, 알부민과 글로불린 등의 단백질이 있다.

③ 내배유: 밀의 83%를 차지하며 이 부분을 분말화한 것이 밀가루이다. 빵 만들기에 적합한 글리아딘과 글루테닌 등의 단백질이 있다.

호밀 시골빵

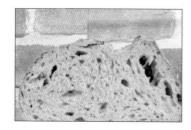

호밀은 유럽 남동부와 중앙아시아가 원산지로, 빵, 국수 등을 만들거나 위스키 제조 및 사료로 사용된다. 뿌리가 발달되어 있고, 추위에 강한 성질로 낮은 온도 조건(1~2℃)에서도 짧은 기간 동안 발아하며, −25℃ 이하에서도 재배가 가능하다. 호밀은 밀과 비슷하나 트립토판(tryptophan) 함량이 낮고 리신(lysine) 함량이 높은 편이며 곡류 중 기호성이 가장 낮고, 소화 기관에 장애를 초래한다. 호밀은 다른 작물이 잘 자랄 수 없는 사질 토양에서도 청예 또는 곡실 생산이 가능한 작물이다. 호밀은 가을에 파종하고 이른 봄(4월 말~5월 초)에 수확하여 청예, 건초, 사일레지, 방목, 녹비 등 여러 목적으로 쓰인다.

재료

프랑스 밀가루(T65)	700g
호밀가루	300g
소금	23g
사워종	700g
물	520g

550g / 4개 분량

주요 공정

공정	내용
믹싱	• 종 반죽: 사워종 준비 • 본 반죽: 최종 단계, 반죽 온도 26℃ 종 반죽과 본 반죽 재료를 넣고 믹싱 ※ 1시간 실온 발효 후 펀치하고 30분 휴지
1차 발효	5℃, 24시간
분할	실온에서 1시간 후 550g씩 분할한 다음 둥글리기 (반죽 온도는 15~16℃로 유지)
중간 발효	15분
성형 및 팬닝	손바닥으로 넓게 편 후 가볍게 접어 럭비공 모양으로 말기
2차 발효	27~30℃, 75%, 60~90분
굽기	• 굽기 전: 반죽 윗면에 쿠프하기 • 굽기: 250℃/230℃ 예열 후 반죽을 넣고 스팀 후 230℃/210℃, 25분

01

믹싱 중간에 벽면에 붙어 있는 반죽을 긁는다.

02

펀치: 반죽을 위와 아래 방향에서 접는다.

03

펀치: 횡 방향으로 굴려서 접는다.

04

1차 발효 후 550g씩 분할하여 둥글린다.

05

손바닥으로 가볍게 누른다.

06

가볍게 만다.

CHEF's TIP

'곰팡이 독소'는 농산물의 생육 기간 및 저장과 식품 가공, 유통 중에 곰팡이에 의해 생성되는 독소로, 열에 강하여 조리 가공 후에도 분해되지 않으며, 이에 오염된 식품이나 사료를 섭취한 사람이나 동물에게 여러 가지 생리장애를 일으킨다. 특히, 간암이나 식도암 등 발암성과 관련이 있기 때문에 세계 각국에서 관심이 집중되고 있으며, FAO, WHO Codex(국제식품규격위원회) 등 국제기구에서는 식품 안전성에 있어서 식품 첨가물이나 잔류농약보다 곰팡이 독소의 위험이 더 큰 것으로 논의되고 있다.

07 럭비공 모양을 만든 후 이음매를 봉한다.

08 호밀가루를 묻혀 실리콘 페이퍼 위에 옮긴다.

09 면포를 덮어 수분 손실을 막는다.

10 60~90분간 2차 발효한다.

11 2차 발효 후 반죽 윗면의 중앙을 쿠프한다.

12 굽기 완료 후 타공판으로 옮겨 식힌다.

CHEF's TIP

맥각중독(麥角中毒)은 맥각에 장기적으로 중독되어 일어난 결과로, 전통적으로는 호밀과 다른 곡물을 감염시키는 맥각균이 만들어 내는 알칼로이드의 섭취에 기인하며, 최근에는 수많은 에르고린 기반 약물 작용에 의해 발생한다.
중독 증상으로는 발작, 근육 경련, 설사, 저림, 가려움 등과 조증, 정신증, 두통, 구역질, 구토를 포함한 경련 등이 있다. 에르고타민-에르고크리스틴 알칼로이드 균에 의해 일어나는 혈관 수축의 결과로 살이 썩어 들어가는 건성괴저도 일으킨다.

독일 호밀 브레드

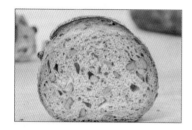

독일 빵에는 일반적인 식빵 모양으로 구운 토스트브로트, 밀가루 55~90%와 호밀가루 45~10%를 혼합하여 만든 소맥혼합빵, 밀가루 80%, 호밀가루 20%를 혼합하여 만든 시골빵, 밀가루 기준 15%의 버터밀크를 넣어 만든 버터밀크빵, 밀가루와 호밀가루의 비율이 50:50인 혼합빵, 밀가루 10~45%, 호밀가루 55~90%인 호밀혼합빵, 호밀가루 100% 또는 호밀가루 기준 밀가루를 10% 이내 넣어 만든 호밀빵, 거칠게 간 밀가루 또는 호밀가루로 만든 슈로트브로트, 겨와 밀기울이 들어 있는 밀가루빵은 그라함브로트, 통밀을 100% 사용한 볼콘브로트, 거칠게 간 호밀가루 100%를 증기로 구운 펌퍼니켈 등이 있다.

재료

강력분	660g
로건믹스	375g
소금	12g
사워종	700g
물	680g
호두분태	380g
꿀	75g

550g / 5개 분량

주요 공정

믹싱
- 종 반죽: 사워종 준비
- 본 반죽: 최종 단계, 반죽 온도 26℃
  종 반죽과 본 반죽 재료를 넣고 믹싱
  → 반죽이 완료되는 최종 단계 직후에 부재료 투입
  ※ 1시간 실온 발효 후 펀치하고 30분 휴지

1차 발효
5℃, 24시간

분할
실온에서 1시간 후 550g씩 분할한 다음 둥글리기
(반죽 온도는 15~16℃로 유지)

중간 발효
15분

성형 및 팬닝
손바닥으로 넓게 편 후 가볍게 접어 막대 모양으로 말기

2차 발효
27~30℃, 75%, 60~90분

굽기
- 굽기 전: 반죽 윗면에 쿠프하기
- 굽기: 250℃/230℃ 예열 후 반죽을 넣고 스팀 후 230℃/210℃, 25분

호두를 제외한 모든 재료를 넣고 믹싱한다.

최종 단계에서 반죽을 꺼내어 호두를 감싼 후 저속
으로 믹싱한다.

반죽이 다 되면 가볍게 접어 1시간 실온 발효한다.

1시간 실온 발효 후 펀치하기 ❶

1시간 실온 발효 후 펀치하기 ❷

발효 통에 넣고 5℃ 냉장에서 24시간 1차 발효한다.

CHEF's TIP

아플라톡신(Aflatoxin)은 Aspergillus flavus 등이 생산하는 곰팡이 독으로 발암성이 있는 독성 물질이다. 주
로 산패한 호두, 땅콩, 캐슈넛, 피스타치오 등의 견과류에서 생긴다. 뿐만 아니라 카사바, 칠리페퍼, 옥수수,
면화씨, 기장, 쌀, 참깨, 사탕수수, 해바라기씨, 밀, 다양한 향신료 등이 부적절하게 보관된 경우에 발견된다.
식품이 처리될 때, 아플라톡신은 식품의 가공 재료에 들어가서 인간 식품뿐만 아니라 반려동물, 농가 동물
을 위한 공급 원료를 오염시킨다. 오염된 음식을 먹인 동물은 아플라톡신 변이 생성물을 알, 유제품 및 고기
에 전달하여 2차 감염을 일으킨다.

07 1차 발효한 다음 실온에서 1시간 후 550g씩 분할한다.

08 손바닥으로 가볍게 누른 후 만다.

09 막대 모양으로 말아 준 후 이음매를 봉한다.

10 면도칼을 이용하여 쿠프(칼집)한다.

11 굽기 중간에 빵의 착색과 밑면의 착색을 확인한다.

12 굽기 완료 후 타공판으로 옮겨 식힌다.

CHEF's TIP

아플라톡신에 노출되면 성장 장애, 발달 지연, 간 손상 및 간암이 유발된다. 성인은 노출에 대한 내성이 높지만 그래도 위험하다. 동물들은 면역이 없다. 아플라톡신은 가장 잘 알려진 발암성 물질 중 하나이다. 몸에 들어가면 아플라톡신은 간에서 반응성 에폭시드 중간체로 대사되거나 덜 유해한 아플라톡신 M1이 되도록 하이드록실화될 수도 있다. 아플라톡신은 일반적으로 섭취에 의해서 중독되지만 가장 독성이 강한 아플라톡신 B1은 피부를 통해 침투하여 중독될 수 있다.

뺑 드 노아

호두의 리놀렌산(Linolenic acid)과 토코페롤(Tocopherol)은 동맥 경화를 예방한다. 또 항산화 작용을 돕기 때문에 피부 건강에도 좋고 소화기 강화에도 효과가 있다. 호두의 오메가3 지방산은 뇌의 노화를 억제하고 기억력을 높이는 역할을 한다. 다만 지방 함량이 100g당 66.7g으로 열량이 600kcal이므로 다이어트에 좋은 식품은 아니다. 하지만 필수 지방산이 많아 다이어트를 하면서 부족해진 지방 섭취로 피부 건강이 나빠지는 것을 막기 위해 1일 30g 정도 섭취하면 좋다. 또 호두는 단백질과 섬유질의 함량이 높아 혈당을 조절하고, 허기를 달래 준다.

재료

강력분	1000g
호밀가루	246g
소금	20g
몰트 엑기스	12g
사워종	700g
물	750g
호두분태	400g
건포도	500g

무화과 전처리

물	700g
설탕	250g
물엿	200g
계피	6g
무화과	1000g
럼	100g

403g / 9개 분량

주요 공정

믹싱
- 종 반죽: 사워종 준비
- 본 반죽: 최종 단계, 반죽 온도 26℃
  종 반죽과 본 반죽 재료를 넣고 믹싱
  → 반죽이 완료되는 최종 단계 직후에 부재료 투입
※ 1시간 실온 발효 후 펀치하고 30분 휴지

1차 발효
5℃, 24시간

분할
실온에서 1시간 후 403g씩 분할한 다음 둥글리기
(반죽 온도를 15~16℃로 유지하기)

중간 발효
15분

성형 및 팬닝
손바닥으로 넓게 편 후 가볍게 접어 막대 모양으로 말기

2차 발효
27~30℃, 75%, 60~90분

굽기
- 굽기 전: 반죽 윗면에 쿠프하기
- 굽기: 250℃/230℃ 예열 후 반죽을 넣고 스팀 후 230℃/210℃, 25분

무화과를 제외한 전처리 재료를 잘 섞은 후 무화과를
넣는다.

약한 불에서 계속 저으며 졸인다.

최종 단계에서 호두분태와 건포도를 넣고 저속으로
믹싱한다.

실온 휴지 후 분할하여 둥글린다.

밀대로 가볍게 밀어 타원형을 만든다.

가운데 전처리한 무화과를 넣는다.

CHEF's TIP

무화과 전처리 방법은 다음과 같다.

① 물에 무화과를 제외한 재료를 넣고 섞는다.

② 1에 무화과를 넣고 저어 주면서 끓여 졸인다.

③ 사용하고 남은 전처리한 무화과는 냉장 보관한다.

07

무화과를 감싼다.

08

이음매를 잘 봉한다.

09

면도칼을 이용하여 체크무늬로 쿠프(칼집)한다.

10

성형이 완료된 반죽을 실리콘 페이퍼 위에 옮겨 놓는다.

11

면포를 덮고 2차 발효 후 굽기를 한다.

12

굽기 완료 후 타공판으로 옮겨 식힌다

CHEF's TIP

① 황변미(黃變米)는 곰팡이의 기생(寄生)으로 변질되어 누렇게 된 쌀을 가리킨다. 쌀가루를 많이 쓰는 요즘 은 선입 선출 및 위생 관리에 각별한 신경을 써야 한다.

② 황변미독(Yellow rice toxins)은 외국에서 수입되는 쌀에 곰팡이가 기생해서 쌀을 황색으로 변질시키게 되 면 황변미(yellow rice)를 만들게 된다. 그중에서 곰팡이 대사산물에 의한 것을 황변미 독소라고 한다. 과거 식량 부족으로 외국에서 식량을 수입할 때 황변미가 발견되어 사회적인 문제가 된 적이 있다. 황변미는 모 두 푸른곰팡이(Penicillium) 속의 곰팡이가 기생한 것이다.

씨앗 스틱

마카다미아의 불포화 지방산인 오메가3 지방산은 뇌세포를 생성하여 인지력 감퇴를 늦추고 기억력을 강화하며 뇌신경 세포 간 물질 전달을 원활히 하여 건망증을 개선한다. 그리고 오메가3 지방산은 눈에 쌓인 피로를 풀어 주는 효과는 물론 시력을 보호하고 안구 건조 같은 안구 질환을 예방한다. 불포화 지방산인 팔미톨레산(Palmitoleicacid)은 섭취 시 부작용 없이 콜레스테롤 수치를 낮추고 혈관을 강화하여 고혈압, 고지혈증, 동맥경화 같은 각종 심혈관 질환을 예방한다. 또 불포화 지방산은 체내 유해 활성 산소를 억제하여 유해 활성 산소와 세포의 결합을 막아 준다.

재료

오토리즈 반죽

프랑스 밀가루(T65)	500g
몰트 엑기스	10g
호밀가루	100g
물	350g

본 반죽

소금	8g
사워종	500g
호두분태	100g
마카다미아	100g
아몬드슬라이스	100g
피스타치오	60g
검정깨	40g

340g / 5개 분량

주요 공정

믹싱
- 오토리즈 반죽: 저속 2분 믹싱 후 2시간 휴지
- 종 반죽: 사워종 준비
- 본 반죽: 최종 단계, 반죽 온도 26℃
  오토리즈 반죽, 종 반죽과 본 반죽 재료를 넣고 믹싱
  → 반죽이 완료되는 최종 단계 직후에 부재료 투입
※ 1시간 실온 발효 후 펀치하고 30분 휴지

1차 발효
5℃, 24시간

분할
실온에서 1시간 후 340g씩 분할한 다음 둥글리기
(반죽 온도를 15~16℃로 유지하기)

중간 발효
20분

성형 및 팬닝
손바닥으로 넓게 편 후 반죽을 위와 아래로 접고 위쪽에서 아래로 말아서 막대기형으로 만들고 60cm 정도의 길이로 늘리기

2차 발효
27~30℃, 75%, 60분

굽기
250℃/230℃ 예열 후 반죽을 넣고 스팀 후 230℃/210℃, 25분

01

오토리즈 반죽, 종 반죽과 가루 재료를 먼저 투입 후
물을 투입한다.

02

액체 재료 투입 후 고속으로 믹싱한다.

03

최종 단계에서 부재료를 투입한 후 저속으로 균일하
게 섞는다.

04

믹싱 완료 후 가볍게 접는다.

05

1시간 실온 발효 후 펀치하고 30분 휴지한다.

06

1차 발효 후 부재료가 골고루 들어가도록 하면서
340g씩 분할한다.

CHEF's TIP

파툴린(patulin)은 사과의 상한 부분에서 가장 흔히 발견되며 배, 포도 등 과일의 상한 부분이 함유된 주스
와 과일 가공품, 채소류 및 곡류와 창고에 저장된 사료에서도 발견된다. 알코올성 과일 음료 또는 과일 식
초에는 파툴린이 발견되지 않아 이 독소는 발효에 의해 파괴되는 것으로 추정하고 있다. 이 독소는 신경 조
직과 소화 기관에 나쁜 영향을 미친다. 우리나라는 사과, 사과 주스 농축액에 대해 파툴린을 50ppm($\mu g/
kg$) 이하로 정하고 있다.

07 가볍게 손으로 누른다.

08 가볍게 누른 반죽을 위와 아래에서 접어 말아 준다.

09 60cm 정도의 길이로 늘린 후 면포에 옮겨 놓는다.

10 60분간 2차 발효한다.

11 2차 발효 후 실리콘 페이퍼에 옮긴 다음 굽기를 한다.

12 굽기 완료 후 타공판에 옮겨 식힌다.

CHEF's TIP

곰팡이 독소를 분비하는 곰팡이의 생육 조건은?

곰팡이가 자라는 조건은 그 종류에 따라 조금씩 다르지만 생육 가능 온도는 5~45℃이며 4℃의 저온에서 자라는 곰팡이도 있다. 그리고 수분이 13% 이하에서는 잘 자라지 못하지만, 수분이 7%에서도 자랄 수 있는 균들도 있다. 대부분의 곰팡이는 수소 이온 농도(pH)가 중성에서 잘 자라지만 산성 조건에서 자라기도 해 pH 4~7에서 잘 자란다고 할 수 있다.

빵 드 세이글

호밀은 청나라 오랑캐에게서 유래한 보리라는 뜻으로 胡(오랑캐 호), 麥(보리 맥)에서 유래했다. 빵의 모양을 만드는 글루텐에 탄력을 부여하는 단백질인 글루테닌이 적은 대신 곡류의 소화 흡수율을 떨어뜨리는 단백질인 글리아딘이 많아 소화 기관에 장애를 유발한다. 그리고 반죽을 끈적거리게 하여 빵의 볼륨을 작게 만드는 펙틴의 함량이 높다. 이러한 문제점들을 해결하기 위하여 호밀가루에 밀가루를 섞어 사용하거나 산화된 발효종이나 사워종을 사용하면 반죽 형성과 가스 보유력이 개선되어 완제품의 부피, 식감, 질감이 좋아진다. 그리고 산화된 발효종과 사워종은 소화 기관에 장애를 유발하는 글리아딘을 용해시켜 소화 흡수율을 개선한다.

재료

호밀가루	1000g
사워종	1000g
물	650(85℃)g
소금	20g

850g / 3개 분량

주요 공정

믹싱
- 종 반죽: 사워종 준비
- 본 반죽: 최종 단계, 반죽 온도 26℃
  종 반죽과 본 반죽 재료를 넣고 믹싱
※ 1시간 실온 발효 후 펀치하고 30분 휴지

1차 발효
5℃, 24시간

분할
850g씩 분할한 다음 둥글리기

중간 발효
10분

성형 및 팬닝
① 손바닥으로 가볍게 눌러 편 후 위에서 아래로 접어 내려오며 원통형 모양으로 말기
② 바네통에 덧가루를 골고루 뿌린 후 성형한 반죽을 넣고 손으로 가볍게 누르기

2차 발효
27~30℃, 75%, 90~120분

굽기
- 굽기 전: 반죽 윗면에 쿠프하기
- 굽기: 250℃/230℃ 예열 후 반죽을 넣고 스팀 후 230℃/210℃, 40분

01 가루 재료, 사워종을 넣고 저속으로 믹싱하면서 물을 서서히 붓는다.

02 반죽 완료 후 볼에 담아 실온 발효한다.

03 실온 발효 후 850g씩 분할한다.

04 바네통에 덧가루를 골고루 뿌린다.

05 엄지를 이용해 반죽을 안쪽으로 말아 넣으면서 접는다.

06 접힌 부분을 반대편 손볼 부위를 이용하여 봉한다.

CHEF's TIP

우리나라는 예로부터 곰팡이를 이용한 전통 발효 식품인 된장, 청국장, 김치, 젓갈, 민속주 등을 각 가정에서 만들어서 이용해 왔으므로 곰팡이에 대해 막연히 친근감마저 느낀다. 곰팡이는 누룩곰팡이 같은 유용한 균도 있지만 유해한 곰팡이도 많이 있으므로 유의해야 한다. 곰팡이 독소는 식중독 증세처럼 감염 즉시 급성으로 나타나지 않고, 곰팡이 독소에 의한 병변이라는 것을 밝혀내기도 어려워 대부분의 사람들이 곰팡이 독소에 무감각한 상태다.

07 바네통 안에 반죽을 넣고 손으로 가볍게 누른다.

08 바네통 위에 면포를 덮어 수분 손실을 막는다.

09 90~120분 정도 2차 발효한다.

10 체크무늬로 쿠프(칼집)한다.

11 굽기 중간에 오븐스프링을 확인한다.

12 굽기 완료 후 타공판으로 옮겨 식힌다.

CHEF's TIP

업장에서 곰팡이 독소를 예방하려면 어떻게 해야 할까?

식재료나 식품에 생긴 곰팡이 독소를 제거하는 방법은 현재로서는 없기 때문에 오염되지 않은 식품을 구입하는 것이 최선이다. 만일 그런 식품을 구입한 경우에는 그 식품을 폐기하는 것이 현명하다. 한번 생성된 곰팡이 독소는 가열에 의해서도 파괴되지 않으므로 곰팡이가 피었거나 의심이 나는 식재료와 식품은 사용하지 말아야 한다. 또한 구입한 식재료나 식품은 곰팡이가 피지 않도록 습기가 차지 않는 서늘한 곳에 보관하고, 마른 용기에 넣어 밀봉 상태로 보관해야 한다.

다이어트 호밀빵

오트밀의 프로스타글라딘F(Prostaglandin F)는 피부 염증을 진정시킨다. 특히 수분 공급이 좋아 팩을 만들어 사용하면 건조한 피부를 개선한다. 또한 여드름과 트러블, 민감한 피부에 좋고 각질 제거에 효과가 있다. 오트밀은 단백질과 식이섬유가 많지만 지방은 적어 칼로리가 낮고 포만감을 주어 운동과 함께 섭취하면 체중을 감량하는 효과가 있다. 또한 식이섬유는 콜레스테롤 수치를 감소시켜 각종 혈관 질환과 성인병을 예방한다. 오트밀의 베타글루칸도 나쁜 콜레스테롤이 체내에 들어오지 못하게 만들어 식이섬유와 같은 효과를 낸다. 또한 베타글루칸은 면역력을 파괴하는 성분들을 억제한다.

재료

사전 반죽

호밀가루	500g
사워종	600g
물	400(85℃)g

본 반죽

호밀가루	1000g
소금	10g
몰트 엑기스	10g
사워종	500g
물	700(85℃)g
오토밀	200g
아몬드 슬라이스	200g
호두분태	200g

800g / 5개 분량

주요 공정

믹싱
- 사전 반죽: 저속 3분 믹싱 후 90분 휴지
- 종 반죽: 사워종 준비
- 본 반죽: 최종 단계, 반죽 온도 26℃
  사전 반죽, 종 반죽과 본 반죽 재료를 넣은 후 믹싱
  → 반죽이 완료되는 최종 단계 직후 부재료 투입

1차 발효
60분 실온 발효

분할
800g씩 분할한 후 둥글리기

중간 발효
10분

성형 및 팬닝
가볍게 다시 둥글리기한 후 면포가 덮인 바네통에 덧가루를 뿌리고 반죽을 담아 손으로 누르기

2차 발효
27~30℃, 75%, 90~120분

굽기
- 굽기 전: 실리콘 페이퍼 위에 반죽을 올릴 때 바닥에 내려쳐서 반죽 윗면에 크랙(crack) 내기
- 굽기: 250℃/230℃ 예열 후 반죽을 넣고 스팀 후 230℃/210℃ 40분

01 버티컬 믹서에 사전 반죽과 가루 재료를 넣는다.

02 저속으로 믹싱하면서 믹서 볼에 물을 넣는다.

03 믹싱 완료 후 면포를 덮어 휴지한다.

04 1시간 실온 발효 후 반죽의 상태를 확인한다.

05 800g씩 분할하고 바네통에 덧가루를 뿌린다.

06 반죽 속에 공기를 가두는 느낌으로 가볍게 둥글린다.

CHEF's TIP

- 반죽 부족이란 제빵사가 설정한 기준 값에 부족한 상태를 가리키며 어린 반죽이라고도 한다. 반죽의 상태를 파악하는 기준에는 여러 가지가 있으나, 일반적으로 소규모 제과점에서는 글루텐의 발전 상태를 기준으로 한다.
- 글루텐은 단백질인 글루테닌과 글리아딘에 물을 첨가하고 믹싱하여 만들어지고 반죽의 온도, 수소 이온 농도, 믹싱의 강도와 형태, 시간의 영향으로 발전한다.
- 글루텐의 결합 형태는 S-S결합, 이온 결합, 수소 결합, 물분자 사이의 수소 결합이 작용하여 만들어진다.

07 중간 발효 후 다시 둥글리기한 반죽을 바네통에 담는다.

08 바닥면이 될 윗부분을 손으로 누른다.

09 면포를 덮어 수분 손실을 막는다.

10 90~120분간 2차 발효한다.

11 반죽의 부푼 정도를 확인하여 발효 완료점을 결정한다.

12 굽기 전 실리콘 페이퍼에 옮겨 바닥에 내리쳐서 크랙을 준다.

CHEF's TIP

천연 발효 제빵법에서의 반죽 온도 계산 방법

① 마찰 계수 = (결과 온도 × 4) − (밀가루 온도 + 실내 온도 + 수돗물 온도 + 사워종 온도)

② 사용할 물 온도 = (희망 온도 × 4) − (밀가루 온도 + 실내 온도 + 마찰 계수 + 사워종 온도)

③ 얼음 사용량 = $\dfrac{\text{사용할 물량} \times (\text{수돗물 온도} - \text{사용할 물 온도})}{80 + \text{수돗물 온도}}$

part 6 호밀빵 Pain de seigle

보리밥 펌퍼니클

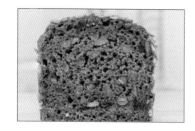

보리에는 섬유질, 비타민, 미네랄, 펜토산, 무기 염류 등이 함유되어 있어 도시 생활로 인한 공해와 인스턴트 식품 등의 산성 식품 과다 섭취로 약화된 우리 몸을 알칼리화해 건강한 체질로 만들어 준다. 보리의 필수 아미노산은 혈관의 노화 방지, 각기병 예방, 위장 보호, 성인병 예방 등의 효과가 있다. 보리의 베타글루칸은 동맥 경화를 비롯한 심장 질환, 고혈압, 당뇨병 등의 원인이 되는 콜레스테롤을 낮춘다. 보리의 탄닌계 성분은 화장이나 이물질 때문에 피부가 빨갛게 되었을 때 피부의 붉은 기를 다스려 막힌 혈관을 풀어 주는 데 효과적이다.

재료

전처리
해바라기씨	100g
호두분태	100g
뜨거운 물	300g

사전 반죽
호밀가루	684g
보리밥	350g
전처리	200g
소금	20g
물	600(85℃)g
사워종	300g

본반죽
호밀	273g
사워종	600g
물	90(85℃)g

토핑용
귀리(오트밀)	200g

420g / 7개 분량

주요 공정

믹싱
- 전처리: 해바라기씨와 호두분태를 팬에 볶은 후 뜨거운 물에 하루 불리기
- 사전 반죽: 저속 2분 믹싱 후 60분 휴지
- 종 반죽: 사워종 준비
- 본 반죽: 최종 단계, 반죽 온도 26℃
  사전 반죽, 종 반죽과 본 반죽 재료를 넣은 후 믹싱
  → 반죽이 완료되는 최종 단계 직후 전처리한 부재료 투입

1차 발효
90분 실온 발효
※ 1시간 실온 발효 후 펀치하고 30분 휴지

분할
420g씩 분할한 후 둥글리기

중간 발효
10분

성형 및 팬닝
반죽을 가볍게 접어서 말아 준 뒤 반죽 윗면에 물을 바르고 귀리를 묻히고 팬에 넣기

2차 발효
27~30℃, 75%, 90~120분

굽기
250℃/230℃ 예열 후 반죽을 넣고 스팀 후 230℃/210℃, 35분

01

해바라기씨와 호두분태를 볶는다.

02

다 볶아진 해바라기씨와 호두분태를 볼에 옮겨 담는
다.

03

볶은 견과일에 끓인 물을 붓고 하루 동안 불린다.

04

사전 반죽 재료들을 넣고 가볍게 믹싱한 후 1시간 실
온 휴지한다.

05

사전 반죽, 종 반죽, 본 반죽 재료를 넣고 최종 단계까
지 믹싱한다.

06

믹싱 완료 후 면포를 덮어 실온에서 90분간 휴지한다.

CHEF's TIP

- 해바라기씨는 팬에 한번 볶은 후 뜨거운 물에 불리면 더욱 부드러워진다.
- 빵의 볼륨을 결정하는 가스 보유력에 영향을 미치는 요인에는 밀가루 단백질의 양과 질, 사워종의 양과
  상태, 발효성 탄수화물의 종류와 양, 유지의 종류와 양, 반죽의 되기, 산도, 소금, 유제품, 산화 정도 등이
  있다.

07

420g씩 분할한 반죽을 가볍게 접어 만다.

08

반죽의 양옆을 손으로 눌러 팬의 크기에 맞게 만든다.

09

반죽의 윗면에 물을 묻힌다.

10

귀리를 실리콘 페이퍼 위에 쌓아 놓고 물 묻힌 반죽을 굴린다.

11

팬 위에 면포를 덮어 수분 손실을 최소화하면서 2차 발효한다.

12

굽기 완료 후 바로 팬에서 꺼내 식힌다.

CHEF's TIP

- 이스트의 가스 발생력에 영향을 주는 요소에는 충분한 물, 적당한 온도, 산도, 영양소 즉 필수 무기물, 발효성 탄수화물(설탕, 맥아당, 포도당, 과당, 갈락토오스), 설탕과 소금의 삼투압 등이 영향을 미친다.
- 사워종의 사용량에 따라 실온 발효 시간이 결정되므로 다음과 같은 방식으로 조절이 가능하다

$$가감하고자\ 하는\ 사워종량 = \frac{기존\ 사워종량 \times 기존의\ 발효\ 시간}{조절하고자\ 하는\ 발효\ 시간}$$

블랙 베이글

코코아 분말의 폴리페놀은 동맥 혈관 내에 나쁜 콜레스테롤이 부착한 후 산화되어 동맥 경화로 진행되는 것을 억제한다. 그리고 아스피린 같이 피를 묽게 하여 뇌의 주요 부위의 혈류를 도와 노인성 치매나 뇌졸중 및 혈관 질환에도 효과를 나타낸다. 또한 폴리페놀은 대장암 및 유방암이 발생한 세포주(Cell strain)에서 모두 논아포토시스(non-apoptosis) 사멸을 유도하는 것이 나타난다. 논아포토시스는 세포 발생 과정에서 형태 만들기를 방해하고, 성체에서 정상적인 세포가 갱신되지 못하거나 이상이 생긴 세포를 제거하지 못하게 하는 것이다.

재료

재료	분량
강력분	400g
블랙 코코아 분말	100g
소금	10g
사워종	450g
물	350g

충전용 크림

크림치즈	400g
설탕	25g
분당	30g

베이글 데치는 물

물	3000g
설탕	100g
물엿	50g
소금	2g

150g / 9개 분량

주요 공정

믹싱
- 종 반죽: 사워종 준비
- 본 반죽: 최종 단계, 반죽 온도 26℃
  종 반죽과 본 반죽 재료를 넣고 믹싱
※ 1시간 실온 발효 후 펀치하고 30분 휴지

1차 발효
5℃, 24시간

분할
실온 1시간 후 150g씩 분할한 다음 둥글리기
(반죽 온도를 15~16℃로 유지하기)

중간 발효
15분

성형 및 팬닝
손바닥으로 반죽을 넓게 편 후 윗면에 크림을 짜고 베이글 모양으로 성형

2차 발효
27~30℃, 75%, 60~90분

굽기
- 굽기 전: 90℃로 끓인 물에 베이글 반죽을 넣고 양면을 12~15초간 데치기
- 굽기: 230℃/180℃ 예열 후 25분

마무리
구워져 나오면 계란물 바르기

01 가루 재료를 넣고 사워종을 넣어 믹싱하면서 물을 붓는다.

02 믹싱 완료 후 가볍게 접은 다음 1시간 실온 휴지한다.

03 1차 발효 후 1시간 정도 실온 휴지하고 150g씩 분할한다.

04 150g씩 분할한 반죽을 가볍게 둥글린다.

05 중간 발효 15분 후 반죽을 손으로 눌러 편다.

06 눌러 편 반죽 위에 충전용 크림을 25g씩 넣는다.

CHEF's TIP

- 데치는 물에 설탕, 물엿, 소금을 넣는 것은 구울 때 베이글의 표면에 착색이 잘 되도록 하기 위해서이다.
- 반드시 미지근한 물 1,000g에 가성소다 50g을 넣는 순서로 만든다. 가성소다가 물에 녹으면 많은 열이 발생하면서 연기도 나므로 좀 떨어져서 작업하는 것이 좋다. 만약 피부에 닿으면 피부의 수분을 빨아들이면서 피부에 붙어 단백질을 녹이므로 신중하게 작업을 해야 한다.

07

충전용 크림을 감싸며 만다.

08

베이글 모양으로 성형한다.

09

이음매가 위로 올라오도록 잡아서 끓는 물에 넣는다.

10

양면을 12~15초간 데친 후 물이 빠질 수 있는 도구로 꺼낸다.

11

오븐에서 15분간 굽는다.

12

굽기 완료 후 계란물을 발라 광택을 낸다.

CHEF's TIP

발효 시 단백질은 다음과 같이 변화한다.

① 글루텐은 발효할 때 발효 미생물의 작용으로 만들어지는 가스를 보유할 수 있도록 반죽에 신장성, 탄력성을 준다.

② 사워종의 프로테아제 작용으로 생성된 아미노산은 당과 메일라드 반응을 일으켜 껍질에 황금색을 부여하고 빵 특유의 향을 생성한다.

③ 프로테아제의 작용으로 생성된 아미노산은 발효 미생물의 영양원으로도 이용된다.

블루베리 베이글

블루베리에 함유된 많은 영양 성분 중에서 안토시아닌(anthocyanin) 배당체(VMA)의 생리 기능은 사람의 안구 내부 망막에서 시각에 관여하는 로돕신(rhodopsin)이라는 색소체와 관련이 있다. 인간의 눈속 망막에는 로돕신이라는 자줏빛 색소체가 있으며, 로돕신이 빛의 자극을 뇌로 전달하여 물체가 보이게 된다. 눈을 사용하고 있는 사이에 로돕신은 서서히 분해된다. 로돕신은 빛의 작용에 의해 분해되지만 블루베리 색소가 로돕신의 재합성 작용의 활성화를 촉진시키는 기능이 있다. 또한 눈의 수정체가 혼탁해지는 백내장은 단백질에 당이 결합하여 눈의 단백질이 노화되기 때문에 일어난다. 안토시아닌 색소는 이러한 결합을 억제시키는 작용이 있다.

재료

강력분	500g
소금	9g
설탕	20g
사워종	450g
물	250g
버터	20g
블루베리	60g
크랜베리	60g

베이글 데치는 물

물	3000g
설탕	100g
물엿	50g
소금	2g

150g / 8개 분량

주요 공정

믹싱
- 종 반죽: 사워종 준비
- 본 반죽: 최종 단계, 반죽 온도 26℃
  종 반죽과 본 반죽 재료를 넣고 믹싱
  → 반죽이 완료되는 최종 단계 직후에 부재료 투입
※ 1시간 실온 발효 후 펀치하고 30분 휴지

1차 발효
5℃, 24시간

분할
실온 1시간 후 150g씩 분할한 다음 둥글리기
(반죽 온도를 15~16℃로 유지하기)

중간 발효
15분

성형 및 팬닝
손바닥으로 반죽을 넓게 편 후 윗면에 크림을 짜고 베이글 모양으로 성형

2차 발효
27~30℃, 75%, 60~90분

굽기
- 굽기 전: 90℃로 끓인 물에 베이글 반죽을 넣고 양면을
  12~15초간 데치기
- 굽기: 230℃/180℃ 예열 후 25분

마무리
구워져 나오면 계란물 바르기

01 가루 재료와 사워종을 넣고 저속으로 믹싱한다.

02 저속으로 믹싱하면서 물을 천천히 넣어 반죽의 되기를 조절한다.

03 최종 단계 직후에 블루베리와 크랜베리를 넣고 균일하게 섞는다.

04 반죽을 완료한 후 가볍게 접어서 1시간 실온 발효한다.

05 1시간 실온 발효 후 펀치를 주고 30분간 휴지한다.

06 1차 발효 후 150g씩 분할하고 가볍게 둥글린다.

CHEF's TIP

전분(녹말)은 포도당의 축합으로 이루어진 다당류로 옥수수, 보리, 밀, 쌀 등의 곡류와 감자, 고구마, 타피오카 등의 뿌리에 존재하고 있으며, 식물의 저장성 탄수화물로서 식물과 잡식 동물이 에너지원으로 이용한다.
사워종에 함유되어 있는 a-아밀라아제는 곡류의 전분을 분해하여 발효를 촉진하고 풍미와 색을 개선한다.

07 15분간 중간 발효 후 손바닥으로 가볍게 눌러 타원형을 만든다.

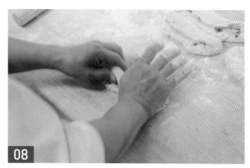

08 반죽의 1/3만큼 접어서 누른다.

09 나머지 부분을 말아 준 후 늘려 베이글 모양으로 성형한다.

10 60~90분간 2차 발효한다.

11 90℃로 끓인 물에 반죽의 양면을 12~15초간 데친다.

12 굽기 완료 후 계란물을 발라 광택을 낸다.

CHEF's TIP

전분을 가수 분해하는 과정에서 생성되는 식품과 당류는 다음과 같다.

- 식혜: 쌀의 전분을 가수 분해하여 부분적으로 당화시켜 만든 식품이다.
- 조청: 쌀의 전분을 가수 분해하여 완전히 당화시켜 농축하여 만든 식품이다.
- 엿: 조청을 만든 다음 조청을 구성하는 포도당을 결정화시킨 것이다.
- 물엿: 옥수수 전분을 가수 분해하여 부분적으로 당화시켜 만든 식품이다.
- 포도당: 전분을 가수 분해하여 얻은 최종 산물이다.

호두 베이글

호두의 오메가-3 지방산의 오메가-3의 위치는 맨 끝 탄소에서부터 이중 결합 여부를 검사하기 시작하여 3번째 탄소의 위치이다. 그러므로 이중 결합이 여러 개 포함되어 있는 지방산이라 할지라도 처음 이중 결합이 오메가-3 위치에서 관찰되면 모두 오메가-3 지방산인 것이다. 잘 알려진 DHA는 탄소 원자의 개수가 22개(짝수)이며, 이중 결합이 모두 6개인 불포화 지방산이고, EPA는 탄소 원자의 개수가 20개(짝수)이고, 이중 결합이 모두 5개인 불포화 지방산이다. 두 지방산의 구조적인 공통점은 오메가 탄소 원자에서부터 셈을 해 보면 3번째 탄소에 첫 번째 이중 결합이 존재하는 것이다.

재료

강력분	500g
설탕	20g
소금	10g
분유	10g
사워종	450g
물	300g
호두분태	150g

베이글 데치는 물

물	3000g
설탕	100g
물엿	50g
소금	2g

150g / 9개 분량

주요 공정

믹싱
- 종 반죽: 사워종 준비
- 본 반죽: 최종 단계, 반죽 온도 26℃
  종 반죽과 본 반죽 재료를 넣고 믹싱 → 반죽이 완료되는 최종 단계 직후에 부재료 투입
※ 1시간 실온 발효 후 펀치하고 30분 휴지

1차 발효
5℃, 24시간

분할
실온에서 1시간 후 150g씩 분할한 다음 둥글리기
(반죽 온도를 15~16℃로 유지하기)

중간 발효
15분

성형 및 팬닝
반죽을 손바닥으로 가볍게 눌러 타원으로 편 후 1/3을 접고 말아서 베이글 모양으로 성형

2차 발효
27~30℃, 75%, 60~90분

굽기
- 굽기 전: 90℃로 끓인 물에 베이글 반죽을 넣고 양면을 12~15초간 데치기
- 굽기: 230℃/180℃ 예열 후 25분

마무리
구워져 나오면 계란물 바르기

01

가루 재료와 사워종을 넣고 저속으로 믹싱한다.

02

저속으로 믹싱하면서 물을 천천히 넣어 반죽의 되기를 조절한다.

03

반죽의 최종 단계 완료점을 확인한다.

04

반죽을 꺼내어 호두를 감싸고 저속으로 믹싱하여 마무리한다.

05

반죽 완성 후 가볍게 접어 1시간 실온 발효한다.

06

1차 발효 후 150g씩 분할하고 가볍게 둥글린다.

CHEF's TIP

- 전분의 호화(糊化): 일명 덱스트린화, 젤라틴화 또는 a-전분화라고도 한다. 빵의 호화는 밀가루의 생 전분에 물을 넣고 가열하면 수분을 흡수하면서 팽윤되며 점성이 커지고 투명도도 증가하여 반투명의 익힌 전분 상태로 변화하는 것을 가리킨다.
- 전분의 노화(老化): 일명 퇴화의 결과 또는 β-전분화라고도 한다. 빵의 노화는 빵 껍질의 변화, 빵의 풍미 저하, 내부 조직의 수분 보유 상태를 변화시키는 것으로, a-전분(익힌 전분)이 β-전분(생 전분)으로 변화하는 것을 가리킨다.

07

손바닥으로 가볍게 눌러 타원형을 만든 다음 접으며 말아 준다.

08

약 30cm 정도로 늘린다.

09

한쪽 끝을 눌러서 다른 한쪽을 감싸 주어 베이글 모양으로 만든다.

10

2차 발효 후 표면을 건조시킨다.

11

90℃로 끓인 물에 반죽의 양면을 12~15초간 데친다.

12

굽기 완료 후 계란물을 발라 광택을 낸다.

CHEF's TIP

빵의 노화를 방지하는 방법은 다음과 같다.

1. -18℃ 이하로 얼려서 급속히 탈수하여 수분 함량을 10% 이하로 조절한다.
2. 전분을 구성하는 배열 형태에서 아밀로오스보다 아밀로펙틴이 노화가 잘 안 된다.
3. 계면 활성제(유화제)는 표면 장력을 변화시켜 빵, 과자의 부피와 조직을 개선하고 노화를 지연한다.
4. 설탕, 유지의 사용량을 증가시키면 빵의 노화를 억제할 수 있다.
5. 모노-디-글리세리드는 식품을 유화, 분산시키고 노화를 지연시킨다.

어니언 롤치즈 베이글

양파의 케르세틴(Quercetin)은 수많은 폴리페놀 화합물 중에서도 특히 지방 흡수를 억제하고, 체내 지방의 배출을 돕는 작용이 강하다. 이 때문에 다이어트에 효과가 있다. 또한 간의 지방 대사를 높이고 지방을 연소하는 효과를 향상시켜 주며 소화 기관에서 지방과 결합하여 지방의 흡수를 억제한다. 케르세틴은 강한 항산화 작용을 한다. 천식이나 꽃가루 알레르기 등의 치료제로 사용되고 있지만, 전립선암에 대한 효과도 연구가 활발히 진행 중이다. 케르세틴은 뇌세포 전달 물질을 강화하는 작용이 있기 때문에 치매 예방에도 효과적이다. 케르세틴은 나쁜 콜레스테롤을 감소시키는 동시에 좋은 콜레스테롤을 증가시킨다.

재료

강력분	500g
소금	9g
설탕	20g
사워종	450g
물	250g
버터	20g
양파	130g

150g / 9개 분량

주요 공정

믹싱
- 종 반죽: 사워종 준비
- 본 반죽: 최종 단계, 반죽 온도 26℃
  종 반죽과 본 반죽 재료를 넣고 믹싱 → 버터는 클린업 단계 직후에 넣고 저속으로 믹싱 → 반죽이 완료되는 최종 단계 직후에 부재료 투입
※ 1시간 실온 발효 후 펀치하고 30분 휴지

1차 발효
5℃, 24시간

분할
실온에서 1시간 후 150g씩 분할한 다음 둥글리기
(반죽 온도를 15~16℃로 유지하기)

중간 발효
15분

성형 및 팬닝
반죽을 밀대로 가볍게 밀어 타원으로 편 후 롤치즈를 25g씩 놓고 말아서 베이글 모양으로 성형

2차 발효
27~30℃, 75%, 60~90분

굽기
250℃/230℃ 예열 후 반죽을 넣고 스팀 후 230℃/210℃ 20분

마무리
구워져 나오면 올리브유 바르기

01 가루 재료와 사워종을 넣고 저속으로 믹싱한다.

02 저속으로 믹싱하면서 물을 천천히 넣어 반죽의 되기를 조절한다.

03 클린업 단계 직후에서 유지(버터)를 넣고 믹싱한다.

04 얇게 썬 양파를 두세 번 가위질한다.

05 완료된 반죽을 꺼내어 양파를 감싼 후 저속으로 섞는다.

06 150g씩 분할한 후 둥글리기한 반죽을 밀대로 가볍게 편다.

CHEF's TIP

- 지방(지질)은 탄소(C), 수소(H), 산소(O)로 구성된 유기 화합물로, 3분자의 지방산과 1분자의 글리세린(글리세롤, 3가의 알코올)이 결합되어 만들어진 에스테르, 즉 트리글리세리드이다.
- 지방은 단순 지방(중성 지방, 납(왁스)), 복합 지방(인지질, 당지질 등), 유도 지방(지방산, 글리세린, 콜레스테롤, 에르고스테롤)으로 분류한다.

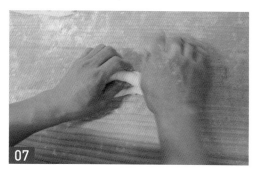

07 롤치즈를 25g씩 반죽 위에 놓고 접어 말아 준다.

08 길이를 약 30cm 정도로 늘린다.

09 양끝을 이어 베이글 모양으로 성형한다.

10 면포를 덮어 수분 손실을 최소화하면서 2차 발효한다.

11 예열된 오븐에 스팀 후 20분간 굽는다.

12 굽기가 완료된 제품의 윗면에 올리브유를 바르고 식힌다.

CHEF's TIP

지방산의 한 종류인 포화 지방산은 다음과 같은 특징이 있다.

① 탄소와 탄소의 결합에 이중 결합 없이 이루어진 지방산이다.

② 산화되기가 어렵고 융점이 높아 상온에선 고체이다.

③ 동물성 유지에 다량 함유되어 있다.

④ 종류에는 뷰티르산, 카프르산, 미리스트산, 스테아르산, 팔미트산 등이 있다.

통감자 베이글

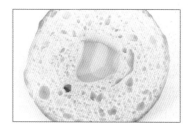

감자의 식이섬유는 만병의 근원인 변비에 효과적이다. 변비로 인해 대장 내 축적된 변이 오랜 시간 배출되지 못하면 인체 내에 다량의 독소를 쌓이게 하는데, 이때 독소가 혈관을 타고 들어가 체내 면역력을 떨어뜨려 비염과 아토피 피부염 같은 면역 질환과 비만과 당뇨 등의 다양한 질병을 유발한다. 따라서 이러한 질환을 미리 예방하고 건강을 증진하기 위해서는 배변 문제를 해결하는 것이 중요하다. 이를 위해서 식이섬유가 많은 식재료를 먹어야 한다. 그러나 식이섬유가 많은 음식을 과다 섭취하면 발육 장애나 설사, 구토 등의 부작용을 일으킬 수 있으므로 유산균 혹은 유산과 함께 섭취해야 한다.

재료

강력분	500g
통감자 플레이크	150g
소금	10g
사워종	450g
물	450g

150g / 11개 분량

주요 공정

믹싱
- 종 반죽: 사워종 준비
- 본 반죽: 최종 단계, 반죽 온도 26℃
  종 반죽과 통감자 플레이크를 포함한 본 반죽 재료를 넣고 믹싱
※ 감자가 물을 많이 흡수하므로 반죽의 되기에 주의
※ 1시간 실온 발효 후 펀치하고 30분 휴지

1차 발효
5℃, 24시간

분할
실온에서 1시간 후 150g씩 분할한 다음 둥글리기
(반죽 온도를 15~16℃로 유지하기)

중간 발효
15분

성형 및 팬닝
반죽을 밀대로 가볍게 밀어 타원으로 편 후 1/3을 접고 말아서
베이글 모양으로 성형

2차 발효
27~30℃, 75%, 60~90분

굽기
- 본굽기: 250℃/230℃ 예열 후 반죽을 넣고 스팀 후 230℃/210℃ 20분

마무리
구워져 나오면 올리브유 바르기

가루 재료와 사워종을 넣고 저속으로 믹싱한다.

저속으로 믹싱하면서 물을 천천히 넣어 반죽의 되기를 조절한다.

감자가 물을 많이 흡수하기 때문에 반죽 중에 반죽의 되기를 확인한다.

반죽 완성 후 가볍게 접어 1시간 실온 발효한다.

1시간 실온 발효 후 펀치를 주고 30분 휴지한다.

1차 발효 후 150g씩 분할을 하고 가볍게 둥글린다.

CHEF's TIP

지방산의 한 종류인 불포화 지방산은 다음과 같은 특징이 있다.

① 탄소와 탄소의 결합에 이중 결합이 1개 이상 있는 지방산이다.
② 산화되기 쉽고 융점이 낮아 상온에서 액체이다.
③ 식물성 유지에 다량 함유되어 있다.
④ 종류에는 올레산, 리놀레산, 리놀렌산, 아라키돈산 등이 있다.

07 밀대로 가볍게 밀어 펴 준 후 1/3을 접는다.

08 가볍게 말아 준 후 이음매를 손바닥으로 눌러 봉한다.

09 양 끝을 이어 붙여 베이글 모양으로 성형한다.

10 성형 후 실리콘 페이퍼 위에 반죽 간의 간격을 유지하며 옮긴다.

11 2차 발효 후 오븐에 넣고 25분간 굽는다.

12 굽기 완료 후 올리브유를 발라 광택을 낸다.

CHEF's TIP

글리세린(글리세롤)은 다음과 같은 특징이 있다.

① 지방을 가수 분해하여 얻을 수 있다.

② 무색, 무취, 감미를 가진 시럽 형태의 액체이다.

③ 물보다 비중이 크므로 글리세린이 물에 가라앉는다.

④ 수분 보유력이 커서 식품의 보습제로 이용된다.

⑤ 물-기름 액에 대한 유화 기능이 있어 크림을 만들 때 물과 기름의 분리를 억제한다.

크런치 베이글

옥수수의 플라보노이드는 혈압을 안정시켜 심혈관 질환과 성인병 방지 및 개선에 효과가 있으며 혈당 수치를 조절해 주어 당뇨 개선 및 예방에 효과적이다. 옥수수의 루테인은 항산화 물질로 체내 활성 산소를 제거하여 노화 예방에 효과적이다. 옥수수는 식이섬유와 50%가 넘는 수분 함량을 지니고 있어 칼로리가 낮고 포만감도 오래 지속되어 다이어트에 좋다. 또한 식이섬유는 장운동을 촉진하여 변비를 완화하는 데 효과적이다. 옥수수의 당질, 미네랄, 비타민 등 피부에 좋은 성분이 다량 함유되어 있고 옥수수 씨눈에 많은 비타민E(토코페롤)는 건조한 피부, 건선 질환에도 좋다.

재료

강력분	450g
옥수수 분말	50g
설탕	20g
소금	9g
바질	1g
사워종	500g
물	300g
버터	40g

토핑물

크런치	270g

150g / 9개 분량

주요 공정

믹싱
- 종 반죽: 사워종 준비
- 본 반죽: 최종 단계, 반죽 온도 26℃
  종 반죽과 본 반죽 재료를 넣고 믹싱
  → 클린업 단계 직후에서 버터를 넣고 믹싱
※ 1시간 실온 발효 후 펀치하고 30분 휴지

1차 발효
5℃, 24시간

분할
실온에서 1시간 후 150g씩 분할한 다음 둥글리기
(반죽 온도를 15~16℃로 유지하기)

중간 발효
15분

성형 및 팬닝
① 반죽을 밀대로 가볍게 밀어 타원으로 편 후 1/3을 접고 말아서 베이글 모양으로 성형
② 반죽 윗면에 물을 바르고 크런치 묻히기

2차 발효
27~30℃, 75%, 60~90분

굽기
250℃로 예열된 컨벡션 오븐에 반죽을 넣고 스팀 후 200℃로 25분

01

가루 재료와 사워종을 넣고 저속으로 믹싱한다.

02

저속으로 믹싱하면서 물을 천천히 넣어 반죽의 되기를 조절한다.

03

클린업 단계 직후에서 유지(버터)를 넣고 믹싱한다.

04

반죽의 완료점을 반죽의 탄력으로 확인한다.

05

반죽이 완료된 후 가볍게 접는다.

06

1차 발효 후 150g씩 분할한 뒤 둥글리기를 한다.

CHEF's TIP

필수 지방산(비타민F)의 특징

① 체내에서 합성되지 않아 음식물로 섭취해야 하는 지방산으로 성장을 촉진하고 피부 건강을 유지하며 혈액 내 콜레스테롤 양을 낮춰 준다.

② 종류에는 리놀레산, 리놀렌산, 아라키돈산이 있다.

07 밀대를 이용하여 가볍게 밀어 편 후 1/3을 접는다.

08 1/3을 접은 반죽을 가볍게 말아서 이음매를 봉한다.

09 봉한 반죽의 한쪽을 손볼로 눌러서 베이글 모양으로 성형한다.

10 성형이 다 된 반죽에 물을 바른다.

11 물을 바른 반죽에 크런치를 묻힌다.

12 컨벡션 오븐에서 25분간 굽는다.

CHEF's TIP

지방(지질)의 체내 기능

① 지질 1g당 9kcal의 에너지를 발생한다.
② 피하 지방은 체온의 발산을 막아 체온을 조절한다.
③ 외부의 충격으로부터 인체의 내장 기관을 보호한다.
④ 지용성 비타민의 흡수를 촉진한다.
⑤ 장내에서 윤활제 역할을 해 변비를 막는다.

곡물 베이글

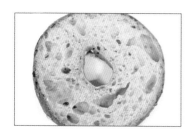

검은깨의 칼륨은 체내 혈관 속에 쌓인 나트륨 및 노폐물을 배출하여 혈관 질환을 예방한다. 리그난, 세사몰린, 세사민 등은 나쁜 콜레스테롤의 수치를 낮춰 준다. 검은깨의 칼슘, 단백질, 아연 등 골격을 형성하는 데 도움을 주고 뼈가 약해지는 것을 억제한다. 또 아연은 피부의 탄력을 개선하는 데 보탬을 주며 체조직이 콜라겐을 만드는 것을 도와 피부 재생이 이루어지게 한다. 검은깨의 철분 및 미네랄은 빈혈 증상을 완화하고 개선한다. 검은깨의 감마토코페롤은 체조직의 노화를 유발시키며 각종 질환을 야기하고 면역 기능을 떨어뜨리는 작용을 하는 활성 산소를 억제시켜 암을 예방하는 데 도움이 된다.

재료

강력분	400g
크라프트콘	100g
설탕	20g
소금	2g
사워종	450g
물	300g

토핑

오토밀	100g
검은깨	30g
흰깨	30g
아몬드 슬라이스	30g

150g / 8개 분량

주요 공정

믹싱
- 종 반죽: 사워종 준비
- 본 반죽: 최종 단계, 반죽 온도 26℃
  종 반죽과 본 반죽 재료를 넣고 믹싱
※ 1시간 실온 발효 후 펀치하고 30분 휴지

1차 발효
5℃, 24시간

분할
실온에서 1시간 후 150g씩 분할한 다음 둥글리기
(반죽 온도를 15~16℃로 유지하기)

중간 발효
15분

성형 및 팬닝
① 반죽을 밀대로 가볍게 밀어 타원으로 편 후 1/3을 접고 말아서 베이글 모양으로 성형
② 반죽 윗면에 물을 바르고 토핑물 묻히기

2차 발효
27~30℃, 75%, 60~90분

굽기
250℃로 예열된 컨벡션 오븐에 반죽을 넣고 스팀 후 200℃로 25분

가루 재료와 사워종을 섞으면서 물을 조금씩 넣고 믹
싱한다.

믹싱 완료 후 가볍게 접어 실온 발효를 진행한다.

실온 발효 후 공기를 포집시킨다는 느낌으로 펀치한다.

1차 발효 후 150g씩 분할한 뒤 둥글린다.

밀대를 이용하여 가볍게 밀어 편 후 1/3을 접고 말아
준다.

접어서 만 반죽을 약 30cm 정도 길이로 늘린다.

CHEF's TIP

- 단백질은 탄소(C), 수소(H), 질소(N), 산소(O), 유황(S) 등의 원소로 구성된 유기 화합물로 질소가 단백질의 특성을 규정짓는다. 단백질을 구성하는 기본 단위는 아미노($-NH_2$)그룹과 카르복실기($-COOH$)그룹을 함유하는 유기산으로 이루어진 아미노산이다.
- 단백질은 단순 단백질(알부민, 글로불린, 글루텔린, 프롤라민), 복합 단백질(핵단백질, 당단백질, 인단백질 등), 유도 단백질(메타단백질, 프로테오스, 펩톤, 폴리펩티드, 펩티드) 등으로 분류한다.

07 반죽의 양끝을 이어 베이글 모양으로 성형한다.

08 성형이 다 된 반죽은 실리콘 페이퍼로 옮긴다.

09 반죽 위에 물을 바르고 토핑물을 묻힌다.

10 성형이 끝난 반죽은 2차 발효한다.

11 예열된 컨벡션 오븐에 반죽을 넣고 스팀 분사 후 온도를 조절한다.

12 12~13분 정도 굽기 후 팬을 180°로 돌려 균일하게 착색시킨다.

CHEF's TIP

단백질의 영양학적 분류 기준은 함유된 아미노산의 종류와 양에 따라 나뉜다.

① 완전 단백질: 생명 유지, 성장 발육, 생식에 필요한 필수 아미노산을 고루 갖춘 단백질이다. 카세인과 락토알부민(우유), 오브알부민과 오보비텔린(계란), 미오신(육류), 미오겐(생선), 글리시닌(콩) 등이 속한다.

② 부분적 완전 단백질: 생명은 유지시키나 성장 발육과는 관계없는 단백질이다.

③ 불완전 단백질: 생명 유지나 성장 모두에 관계없는 단백질이다.

에멘탈 잉글리시 머핀

에멘탈 치즈(Emmental Cheese)는 스위스의 여러 치즈 중 하나이지만 '스위스 치즈'라고도 불린다. 이 이름은 스위스의 베른 주에 있는 에멘탈이라는 지명에서 따왔다. 물레방아 바퀴 모양에 커다란 구멍이 나 있는 것이 가장 큰 특징이다. 이 구멍은 치즈 아이(Cheese eye)라고 하는데 이 구멍을 만들기 위해 두 단계에 걸쳐 숙성을 한다. 우선 22℃의 숙성실에 4~5주간 놓아두는데, 이때 치즈 아이가 만들어진다. 프로피오닉 박테리아(Propionic bacteria)에 의해 치즈 내부에서 생성된 이산화탄소가 빠져나갈 자리가 없어서 바로 치즈 내부에 구멍을 만드는 것이다. 구멍의 크기는 지름 2~4cm 정도가 적당하다. 그다음에는 12~14℃에서 두 번째 숙성을 시킨다.

재료

강력분	500g
소금	10g
사워종	400g
물	250g
올리브유	30g

충전물

에멘탈 치즈	880g

125g / 16개 분량

주요 공정

믹싱
• 종 반죽: 사워종 준비
• 본 반죽: 최종 단계, 반죽 온도 26℃, 종 반죽과 본 반죽 재료를 넣고 믹싱
  → 올리브유는 클린업 단계 직후에 조금씩 넣으면서 저속으로 믹싱
※ 1시간 실온 발효 후 펀치하고 30분 휴지

1차 발효
5℃, 24시간

분할
실온에서 1시간 후 70g씩 분할한 다음 둥글리기
(반죽 온도를 15~16℃로 유지하기)

중간 발효
15분

성형 및 팬닝
반죽 속에 에멘탈 치즈를 55g씩 채운 후 이음매를 봉하고 슈퍼코트를 바른 틀에 넣고 가볍게 누르기

2차 발효
27~30℃, 75%, 60~90분

굽기
• 굽기 전: 반죽 위에 실리콘 페이퍼를 1장 올리고 그 위에 철판을 1장 올리기
• 굽기: 210℃/190℃ 예열 후 반죽을 넣고 20분

마무리
구워져 나오면 올리브유 바르기

01 올리브유를 제외한 모든 재료를 넣고 믹싱한다.

02 클린업 단계에서 올리브유를 넣고 믹싱한다.

03 반죽 완료 후 가볍게 접는다.

04 실온에서 1시간 후 70g씩 분할해 둥글린다.

05 반죽 속에 에멘탈 치즈를 55g씩 채운다.

06 반죽과 에멘탈 치즈의 총 무게가 125g인지 확인한다.

CHEF's TIP

필수 아미노산의 영양학적 가치

① 체내에서 합성되지 않으므로 반드시 음식물에서 섭취해야 하는 아미노산이다.

② 체조직의 구성과 성장 발육에 반드시 필요한 아미노산이다.

③ 동물성 단백질에 많이 함유되어 있는 아미노산이다.

④ 성인에게는 이소류신, 류신, 리신, 메티오닌, 페닐알라닌, 트레오닌, 트립토판, 발린 등 8종류의 아미노산
   이 필요하다.

⑤ 어린이와 회복기 환자에게는 8종류 외에 히스티딘을 합한 9종류가 필요하다.

07 틀에 슈퍼코트(철판 이형제)를 바른다.

08 반죽을 올리고 윗부분을 가볍게 누른다.

09 60~90분 정도 2차 발효하며 상태를 보고 결정한다.

10 2차 발효 완료점의 상태를 확인한다.

11 반죽 위에 실리콘 페이퍼를 올리고 그 위에 철판을 올려 굽는다.

12 굽기 완료 후 틀에서 빼서 식힌다.

CHEF's TIP

단백질의 영양학적 이해 (1)

단백질의 상호 보조 효과를 이용하여 배합표를 작성하면 좋다.

① 단백가가 낮은 식품이라도 부족한 필수 아미노산(제한 아미노산)을 보충할 수 있는 식품과 함께 섭취하면 체내 이용률이 높아진다.

② 쌀과 콩, 밀과 콩, 빵과 우유, 옥수수와 우유 등이 상호 보조 효과가 좋다.

보리밥 잉글리시 머핀

보리의 대표적 생리 활성 성분인 베타글루칸(β-glucan)은 다당류의 일종이며, 효모의 세포벽, 버섯류, 곡류 등에 존재하는 물질이다. 베타글루칸은 암세포를 직접 공격하지 않고 비특이적 면역 반응으로 인간의 정상 세포의 면역 기능을 활성화시켜 암세포의 증식과 재발을 억제하고, 대식세포(macrophage)를 활성화시켜 암세포가 있는 체내로 들어가 여러 가지 사이토카인(Cytokine)의 분비를 촉진시킴으로써 면역 세포인 T세포와 B세포의 면역 기능을 활성화시킨다. 이 외에도 베타글루칸은 혈당을 낮추고 혈중 콜레스테롤을 감소시키는 효과가 우수하며, 지질대사를 개선하여 체지방 형성과 축적을 억제하는 항비만 효과를 가지고 있다.

재료

강력분	450g
크라프트콘	50g
소금	8g
사워종	400g
물	250g
올리브유	30g

충전물

보리밥	500g
당근	50g
양파	100g
피자치즈	100g
마요네즈	80g

토핑물

파마산 치즈 분말	100g

125g / 16개 분량

주요 공정

믹싱
- 종 반죽: 사워종 준비
- 본 반죽: 최종 단계, 반죽 온도 26℃
  종 반죽과 본 반죽 재료를 넣고 믹싱 → 올리브유는 클린업 단계 직후에 조금씩 넣으면서 저속으로 믹싱
- ※ 1시간 실온 발효 후 펀치하고 30분 휴지

1차 발효
5℃, 24시간

분할
실온에서 1시간 후 70g씩 분할한 다음 둥글리기(반죽 온도를 15~16℃로 유지하기)

중간 발효
15분

성형 및 팬닝
반죽 속에 충전물을 55g씩 채워준 후 이음매를 봉하고 파마산 치즈 분말을 묻혀서 슈퍼코트를 바른 틀에 넣고 가볍게 누르기

2차 발효
27~30℃, 75%, 60~90분

굽기
- 굽기 전: 반죽 위에 실리콘 페이퍼를 1장 올리고 그 위에 철판을 1장 올리기
- 굽기: 210℃/190℃ 예열 후 반죽을 넣고 20분

01 가루 재료와 사워종을 넣고 저속으로 믹싱한다.

02 저속으로 믹싱하면서 물을 천천히 넣어 반죽의 되기
를 조절한다.

03 믹싱 중간에 믹서 볼의 벽면을 스크레이퍼로 긁으면
서 믹싱한다.

04 클린업 단계에서 올리브유를 넣고 믹싱한다.

05 반죽 완료 후 가볍게 접어서 1시간 실온 발효한다.

06 1시간 실온 발효 후 펀치를 주고 30분 휴지 후 1차 발
효한다.

CHEF's TIP

단백질의 영양학적 이해 (2)

단백질은 체내에서 다음과 같은 기능을 한다.
① 1g당 4kcal의 에너지가 발생한다.
② 체조직과 혈액 단백질, 효소, 호르몬 등을 구성한다.
③ 체내 삼투압 조절로 체내 수분 함량을 조절하고 체액의 pH를 유지한다.
④ r-글로불린은 병에 저항하는 면역체 역할을 한다.

07

중간 발효한 반죽을 가볍게 누른 뒤 중앙을 엄지로 누른다.

08

반죽 안에 충전물을 55g씩 넣는다.

09

반죽 표면에 물을 바른 뒤 파마산 치즈 분말을 묻힌다.

10

성형한 반죽을 잉글리시 머핀 팬에 팬닝한 후 가볍게 누른다.

11

60~90분 정도 2차 발효하며 상태를 보고 결정한다.

12

굽기 완료 후 팬에서 빵을 뺀다.

CHEF's TIP

무기질의 영양학적 기능

1. 구성 영양소로서 경조직(뼈, 치아) 구성, 연조직(근육, 신경) 구성, 체내 기능 물질인 티록신, 호르몬, 비타민 B_{12}, 인슐린 호르몬, 비타민B_1, 헤모글로빈 등을 구성하는 기능을 한다.
2. 조절 영양소로서 삼투압 조절, 체액 중성 유지, 심장의 규칙적 고동, 혈액 응고, 신경 안정, 샘 조직 분비 등의 기능을 한다.

흑미 잉글리시 머핀

흑미(Black rice)는 검은 쌀을 가리키며, 항산화, 항암, 항궤양 효과가 있다고 알려진 안토시아닌이라는 수용성 색소가 있어 검은색을 띤다. 흑미에는 검은콩보다 4배 이상 안토시아닌이 들어 있다. 안토시아닌은 눈을 보호해 주며, 눈의 건강을 증진하는 드룝신의 합성을 촉진하여 시력을 개선하고 눈의 면역력을 높이는 효과가 있다. 또한 비타민 B군을 비롯하여 철, 아연, 셀레늄 등의 무기염류가 일반 쌀의 5배 이상 함유되어 있다. 이것은 노화와 여러 질병을 일으키는 체내 활성 산소를 효과적으로 중화시킬 뿐만 아니라 심장 질병, 뇌졸중, 성인병, 암 예방에도 효과가 있다.

재료

흑미쌀가루	500g
소금	10g
사워종	400g
물	300g
검정깨	30g

충전물

완두콩베기	160g
팥베기	280g
병아리콩	280g

110g / 18개 분량

주요 공정

믹싱
- 종 반죽: 사워종 준비
- 본 반죽: 최종 단계, 반죽 온도 26℃
  종 반죽과 본 반죽 재료를 넣고 믹싱 → 반죽이 완료되는 최종 단계 직후에 검정깨 투입
- ※ 1시간 실온 발효 후 펀치하고 30분 휴지

1차 발효
5℃, 24시간

분할
실온에서 1시간 후 70g씩 분할한 다음 둥글리기(반죽 온도를 15~16℃로 유지하기)

중간 발효
15분

성형 및 팬닝
반죽 속에 충전물을 40g씩 채워준 후 이음매를 봉하고 슈퍼코트를 바른 틀에 넣고 가볍게 누르기

2차 발효
27~30℃, 75%, 60~90분

굽기
- 굽기 전: 반죽 위에 실리콘 페이퍼를 1장 올리고 그 위에 철판을 1장 올리기
- 굽기: 210℃/190℃ 예열 후 반죽을 넣고 20분

01 가루 재료와 사워종을 넣고 저속으로 믹싱한다.

02 믹싱 중간에 벽면을 긁으며 반죽의 상태를 확인한다.

03 최종 단계 직후에 검정깨를 넣고 균일하게 섞는다.

04 반죽을 완료한 후 가볍게 접어서 1시간 실온 발효한다.

05 실온 발효 후 펀치를 주고 30분 휴지한다.

06 30분 휴지 후 5℃, 24시간 1차 발효한다.

CHEF's TIP

비타민은 영양학적으로 다음과 같은 기능이 있다.
① 탄수화물, 지방, 단백질의 대사에 조효소 역할을 한다.
② 반드시 음식물에서 섭취해야만 한다.
③ 에너지를 발생하거나 체조직을 구성하는 물질이 되지는 않는다.
④ 신체 기능을 조절하는 조절 영양소로서 작용을 한다.

07 1차 발효 후 실온에서 1시간 정도 둔 다음 70g씩 분할한다.

08 중간 발효가 끝난 반죽 안에 충전물 40g씩 넣는다.

09 충전물을 넣은 후 가볍게 둥글리고 팬에 넣는다.

10 60~90분간 2차 발효한다.

11 반죽 위에 실리콘 페이퍼를 올리고 그 위에 철판을 올려 굽는다.

12 빵 윗면의 착색 상태를 확인 후 굽기를 완료한다.

CHEF's TIP

단백질로 구성된 효소는 생물체 속에서 일어나는 유기 화학 반응의 촉매 역할을 한다. 효소는 유기 화합물인 단백질로 구성되었기 때문에 온도, pH, 수분 등의 영향을 받는다. 효소가 변성되지 않는 온도 범위에서 온도가 상승할수록, 수분이 많을수록 효소의 활성은 증가한다. 그러나 효소의 PH 활성 범위는 효소의 종류에 따라 다르지만, 제빵 시 중요한 역할을 하는 제빵용 아밀라아제는 pH 4.6~4.8에서 활력이 가장 높다.

먹물 잉글리시 머핀

먹물의 멜라닌 색소는 항암 작용과 항균 작용이 뛰어나고 뮤코다 당류는 세포를 활성화하는 물질로 암세포의 증식을 억제하는 효과가 있다. 먹물은 저지방 저칼로리이며, 양질의 고단백질 식품으로 다이어트에도 좋다. 오징어 먹물의 리조팀은 체외에서 침투하는 유해한 바이러스를 물리치는 항바이러스 효과가 있는 항균 물질로 면역력을 증강하는 데 도움을 준다. 또한 먹물의 타우린은 콜레스테롤 수치를 낮춰 주며 혈관을 깨끗하게 하여 동맥 경화, 고지혈증 등 혈관 질환 예방에 효과가 있다. 먹물의 미네랄은 피부 개선에 효과가 있고, 핵산은 신체의 세포를 활성화시켜 피부 노화 방지에 효과적이며 콜라겐의 합성을 돕고 피부 탄력을 강화하며 잔주름을 없애 준다.

재료

강력분	500g
소금	10g
사워종	400g
물	250g
올리브유	30g
먹물	10g

충전물

크림 치즈	880g

75g / 16개 분량

주요 공정

믹싱
- 종 반죽: 사워종 준비
- 본 반죽: 최종 단계, 반죽 온도 26℃
- 종 반죽과 본 반죽 재료를 넣고 믹싱 → 올리브유는 클린업 단계 직후에 조금씩 넣으면서 저속으로 믹싱
- ※ 1시간 실온 발효 후 펀치하고 30분 휴지

1차 발효
5℃, 24시간

분할
실온에서 1시간 후 75g씩 분할한 다음 둥글리기(반죽 온도를 15~16℃로 유지하기)

중간 발효
15분

성형 및 팬닝
반죽 속에 에멘탈 치즈를 55g씩 채운 후 이음매를 봉하고 슈퍼코트를 바른 틀에 넣고 가볍게 누르기

2차 발효
27~30℃, 75%, 60~90분

굽기
- 굽기 전: 반죽 위에 실리콘 페이퍼를 1장 올리고 그 위에 철판을 1장 올리기
- 굽기: 210℃/190℃ 예열 후 반죽을 넣고 20분

01

올리브유를 제외한 모든 재료를 순서대로 넣어 가며 믹싱한다.

02

믹싱 중간에 반죽의 상태를 확인한다.

03

클린업 단계에서 올리브유를 넣고 믹싱한다.

04

반죽 완료 후 가볍게 접는다.

05

도우 컨디션을 이용하여 5℃, 24시간 동안 1차 발효한다.

06

실온에서 1시간 후 75g씩 분할하여 둥글린다.

CHEF's TIP

2차 발효에서 발효실 습도가 높을 경우 제품에 나타나는 결과

① 완제품에 거친 껍질이 형성된다.
② 완제품의 윗면이 납작해진다.
③ 완제품의 껍질에 수포가 생긴다.
④ 완제품의 껍질에 반점이나 줄무늬가 생긴다.
⑤ 완제품의 껍질이 질겨진다.

반죽 속에 크림 치즈를 55g씩 채운다.

잉글리시 머핀 팬에 반죽을 넣은 후 윗부분을 가볍게 눌러 준다.

60~90분 정도 2차 발효하며 상태를 보고 결정한다.

반죽 위에 실리콘 페이퍼를 올리고 그 위에 철판을 올려 굽는다.

210℃/190℃의 오븐 온도에서 20분간 굽는다.

굽기 완료 후 타공판으로 옮겨 식힌다.

CHEF's TIP

2차 발효에서 발효실 습도가 낮을 경우 제품에 나타나는 결과

① 완제품의 부피가 크지 않고 표면이 갈라진다.
② 완제품의 껍질 색이 고르게 나지 않는다.
③ 완제품의 껍질에 얼룩이 생기기 쉬우며 광택이 부족하다.
④ 완제품의 윗면이 올라와 균형과 대칭이 맞지 않게 된다.

망고블루 머핀

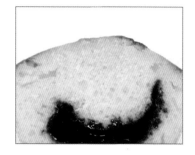

망고의 베타카로틴은 산성화된 몸의 독소를 배출하여 세포를 강화하고 비타민 A와 비타민 C는 면역력을 증진시킨다. 또한 베타카로틴은 노화를 촉진시키는 활성 산소를 제거해 주고 알파카로틴과 비타민A 등의 각종 항산화 물질이 피부 재생과 회복에 역할을 한다. 비타민 C는 피부 세포 내에 멜라닌 색소의 생성을 막아 주고 콜라겐을 생성하여 피부 건강에 효과적이다. 망고의 폴리페놀은 암세포의 자살을 유도하는 효과가 있어 각종 암과 백혈병을 예방하는 데 효과가 있다. 망고의 식이섬유, 펙틴, 비타민 C는 콜레스테롤 수치를 낮춰 주며 저밀도 지방 단백질(LDL; Low Density Lipoprotein)을 줄이는 효과가 있어 혈액 순환을 원활히 해 준다.

재료

박력분	400g
사워종	300g
계란	4개
설탕	160g
우유	100g
카놀라유	100g
망고퓨레	75g

190g / 7개 분량

주요 공정

믹싱
- 종 반죽: 사워종 준비
- 본 반죽: 최종 단계, 반죽 온도 26℃
① 우유와 사워종을 주걱으로 잘 섞어 준다.
② 계란, 설탕, 망고퓨레와 카놀라유를 순서대로 넣어 가며 균일하게 섞는다.
③ 체 친 박력분을 넣고 균일하게 섞는다.
④ 완성된 반죽은 볼에 담는다.

1차 발효
5℃, 24시간

성형 및 팬닝
① 5시간 전에 20~25℃의 실온에 꺼내 둔다.
② 한번 휘저어 준 다음 틀에 2/3 짜주고(중량은 100g 정도) 블루베리 리플잼(25g)을 짠 뒤 나머지 반죽(90g)을 짠다.

2차 발효
27~30℃, 75%, 60분 정도 틀에 올라올 정도로 발효

굽기
210℃/190℃ 예열된 오븐에서 20분

Baking Point

볼에 사워종을 넣는다. 이때 볼 밑에 행주를 깔면 밀림이 적다.

우유를 넣으면서 주걱으로 섞는다.

계란을 나누어 넣으면서 섞는다.

설탕을 넣으면서 가루가 안 보일 정도로 섞고 나머지 재료도 섞는다.

체로 친 박력분을 넣고 섞는다.

반죽의 점도가 살짝 끊기며 떨어지는 정도가 되면 섞기를 멈춘다.

CHEF's TIP

- 머핀을 빠르게 생산하고자 한다면 1차 발효를 냉장고가 아닌 실온에서 진행하는 것이 좋고, 25℃의 실온에서는 2~3시간 발효한다.
- 2차 발효 때 지친 반죽(발효가 지나친 경우)이 되면 제품에 일어나는 현상
① 완제품의 향기와 보존성이 나쁘다.
② 완제품의 윗면이 움푹 들어간다.
③ 당분 부족으로 껍질의 착색이 나쁘고 내상의 결이 거칠어진다.

07 발효 전후 반죽의 팽창 정도를 확인한다.

08 발효 완료 후 반죽 속의 모습을 확인한다.

09 발효된 반죽을 2/3(100g) 정도 틀에 짠다.

10 블루베리 리플잼(25g)을 가운데에 짠다.

11 틀에 나머지 반죽(90g)을 짠다.

12 굽기 완료 후 올리브유를 발라 광택을 낸다.

CHEF's TIP

우리나라에서 머핀은 대개 컵케이크와 비슷하게 생겼지만, 달지 않고 토핑용 크림도 얹지 않는다. 머핀과 컵케이크의 가장 큰 차이는 머핀은 아침 식사용이고 컵케이크는 디저트용이라는 점이다. 한국에서 나오는 머핀은 컵케이크와 비슷하며 부드러운 식감을 만들기 위해 카스텔라만큼 식물성 기름을 투입하여 내놓는다. 미국식 머핀은 식사용 빵이기 때문에 꽤 팍팍하면서도 달다. 그래서 미국식 머핀을 한국에서 파는 머핀으로 생각하고 먹다가 입맛 상하는 한국인들이 상당수 있다.

아몬드 머핀

아몬드의 올레산과 식이섬유는 포만감을 높여 자연스럽게 음식량을 조절할 수 있어 체중 조절 및 다이어트에 효과가 있다. 또한 식이섬유는 변의 양을 늘려 주고 장을 자극하여 변비를 개선하고 장에 존재하는 프로바이오틱스를 활성화하여 장의 기능을 개선한다. 아몬드의 토코페롤은 활성 산소를 제거하고 세포의 파괴를 막아 재생을 도와주는 효과가 있기 때문에 노화를 예방한다. 또한 건조한 피부를 보호하여 수분이 새어나가지 못하도록 돕고 피지의 분비량을 줄여 지루성 피부염 및 여드름 예방에도 효과가 있다. 보통 칼슘과 인, 마그네슘 등의 비율을 적정하게 유지하면서 섭취하게 되면 칼슘이 뼈나 세포 속에 잘 저장되는데, 아몬드도 철분이나 칼슘이 풍부하다.

재료

박력쌀가루	500g
사워종	300g
카놀라유	100g
아몬드 프라이네	50g
계란	4개
설탕	140g
우유	100g
아몬드 슬라이스	100g

115g / 13개 분량

주요 공정

믹싱
- 종 반죽: 사워종 준비
- 본 반죽: 최종 단계, 반죽 온도 26℃
① 우유와 사워종을 주걱으로 잘 섞는다.
② 계란, 설탕, 카놀라유와 아몬드 프라이네를 순서대로 넣어 가며 균일하게 섞는다.
③ 체 친 박력쌀가루를 넣고 균일하게 섞은 후 아몬드 슬라이스를 넣어 섞는다.
④ 완성된 반죽은 볼에 담는다.

1차 발효
5℃, 24시간

성형 및 팬닝
① 5시간 전에 20~25℃의 실온에 꺼내 둔다.
② 한 번 휘저어 준 다음 틀에 115g 짠다.

2차 발효
27~30℃, 75%, 60분 정도 틀에 올라올 정도로 발효

굽기
190℃/170℃ 예열된 오븐에서 25분

01 우유와 사워종을 넣고 잘 섞는다.

02 계란을 나누어 넣으면서 섞는다.

03 설탕을 넣고 가루가 보이지 않게 섞는다.

04 카놀라유를 넣고 섞는다.

05 체로 친 박력쌀가루를 넣고 섞는다.

06 마지막으로 아몬드 슬라이스를 넣고 섞는다.

CHEF's TIP

2차 발효 때 어린 반죽(발효가 부족한 경우)이 되면 제품에 나타나는 현상

① 완제품의 껍질색이 짙고 붉은 기가 약간 생긴다.

② 완제품의 속결은 조밀하고 조직은 가지런하지 않게 된다.

③ 글루텐의 신장성이 불충분하여 완제품의 부피가 작다.

④ 완제품의 껍질에 균열이 일어나기 쉽다.

반죽 완료 시 반죽의 점도를 확인한다.

발효 전(아랫선)과 발효 후(윗선) 차이를 확인한다.

한번 휘저어 준 후 틀에 115g씩 짠다.

2차 발효는 틀에서 반죽이 살짝 올라온 정도까지 진행한다.

190℃/170℃의 오븐 온도에서 25분간 굽는다.

굽기 완료 후 카놀라유를 발라 광택을 낸다.

CHEF's TIP

굽기를 하는 목적

① 완제품의 껍질에 구운 색을 내며 맛과 향을 향상시킨다.
② 발효 미생물의 가스 발생력을 막으며 각종 효소의 작용도 불활성화시킨다.
③ 곡류의 전분을 a화(익힌 전분)하여 소화가 잘 되는 빵을 만든다.
④ 발효에 의해 생긴 탄산 가스를 열 팽창시켜 빵의 부피를 갖추게 한다.
⑤ 지금까지 축적된 발효 산물로 반죽의 구성 성분을 분해시켜 소화 흡수율을 높인다.

딸기 머핀

체내에서 면역력이 떨어지기 시작하면 외부 세균이나 바이러스에 쉽게 감염되어 여러 질병이 나타날 수 있다. 딸기의 비타민 C와 라이코펜은 면역력을 향상시킨다. 딸기의 안토시아닌은 시력 회복에 도움을 주고 눈의 망막 세포 재합성을 촉진시키는 효과가 있어서 눈의 피로를 풀어 준다. 딸기의 엽산은 임신 초기에 입덧이 심할 때 입덧을 완화시키고 태아의 선천성 기형을 예방하는 효과가 있다. 딸기의 식물성 섬유질인 펙틴은 장의 연동 작용을 활발하게 하여, 현대인의 잘못된 식습관, 과로, 과도한 스트레스 등으로 인한 변비를 예방하고 개선하는 효과가 있다.

재료

박력쌀가루	500g
사워종	300g
계란	4개
설탕	140g
산딸기 리플잼	60g
카놀라유	120g
우유	100g

120g / 11개 분량

주요 공정

믹싱
- 종 반죽: 사워종 준비
- 본 반죽: 최종 단계, 반죽 온도 26℃
① 우유와 사워 종을 주걱으로 잘 섞는다.
② 계란, 설탕, 카놀라유와 산딸기 리플잼을 순서대로 넣어가며 균일하게 섞는다.
③ 체 친 박력쌀가루를 넣고 균일하게 섞는다.
④ 완성된 반죽은 볼에 담는다.

1차 발효
5℃, 24시간

성형 및 팬닝
① 5시간 전에 20~25℃의 실온에 꺼내 둔다.
② 한번 휘저어 준 다음 틀에 2/3 정도 짜고(중량은 100g 정도) 생딸기 1개를 넣어 준 뒤 나머지 반죽(20g)을 짠다.

2차 발효
27~30℃, 75%, 60분 정도 틀에 올라올 정도로 발효

굽기
190℃/170℃ 예열된 오븐에서 25분

마무리
구워져 나오면 올리브유 바르기

01 사워종과 우유를 넣고 주걱으로 섞는다.

02 계란을 나누어 넣으면서 섞는다.

03 설탕과 산딸기 리플잼을 넣고 섞는다.

04 카놀라유를 넣으면서 섞어 준다.

05 체로 친 박력쌀가루를 넣고 섞는다.

06 반죽 완료 시 반죽의 점도를 확인한다.

CHEF's TIP

천연발효빵을 굽는 몇 가지 요령

① 저율 배합이며 발효를 많이 시키는 반죽이므로 고온 단시간 굽기가 좋다.

② 처음 굽기 시간의 25~30%는 오븐 팽창 시간이다.

③ 다음 굽기 시간의 35~40%는 반죽의 표피에 착색이 일어나고 반죽을 고정한다.

④ 마지막 굽기 시간의 30~40%는 반죽의 껍질을 형성한다.

07

발효 전(아랫선)과 발효 후(윗선)의 차이를 확인한다.

08

발효 후 반죽을 한번 휘저어 준다.

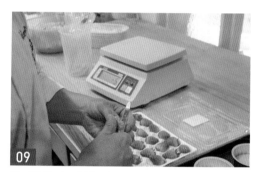

09

딸기의 꼭지 부분을 제거한다.

10

틀의 2/3까지 반죽(100g)을 짜고 딸기를 놓는다.

11

나머지 반죽(20g)을 짜 넣는다.

12

굽기 완료 후 카놀라유를 발라 광택을 낸다.

CHEF's TIP

껍질의 갈색 변화: 캐러멜화와 메일라드 반응에 의하여 껍질이 진하게 갈색으로 나타나는 현상이다.

① 캐러멜화: 설탕 성분이 높은 온도(160~180℃)에 의해 갈색으로 변하는 반응이다.

② 메일라드 반응: 당에서 분해된 환원당과 단백질에서 분해된 아미노산이 결합하여 껍질이 황금색으로 변하는 반응으로, 낮은 온도에서 진행되며 캐러멜화에서 생성되는 향보다 중요한 역할을 한다.

2021년 1월 5일 개정판 2쇄 발행

저   자 강민호
발 행 인 이미래

발 행 처 씨마스
등록번호 제301-2011-214호(2003. 11. 14.)
주   소 서울특별시 중구 서애로 23 통일빌딩
전   화 (02)2274-1590~2
팩   스 (02)2278-6702
홈페이지 www.cmass21.co.kr
E-mail licence@cmass.co.kr

기   획 정춘교
진행관리 이은영
책임편집 송인철
마 케 팅 김진주
디 자 인 표지_김영수   내지_김영수

ISBN | 979-11-5672-326-4 (13590)

Copyright ⓒ 강민호 2019, Print in seoul, Korea

정가 25,000원